装备科技译著出版基金

固体中能量电子的输运
——计算机仿真及其在材料分析和表征中的应用

（第 3 版）

Transport of Energetic Electrons in Solids
Computer Simulation with Applications to Materials Analysis and Characterization

(Third Edition)

[意] 毛里齐奥·戴普瑞(Maurizio Dapor) 著

张　娜　译

崔万照　审校

国防工业出版社

·北京·

著作权合同登记　　图字：01-2023-0575 号

图书在版编目(CIP)数据

固体中能量电子的输运：计算机仿真及其在材料分析和表征中的应用：第 3 版/(意)毛里齐奥·戴普瑞著；张娜译. —北京：国防工业出版社,2024.2

书名原文：Transport of Energetic Electrons in Solids：Computer Simulation with Applications to Materials Analysis and Characterization (Third Edition)

ISBN 978-7-118-12896-3

Ⅰ.①固… Ⅱ.①毛…②张… Ⅲ.①固体—电子运动—研究 Ⅳ.①TN101

中国国家版本馆 CIP 数据核字(2023)第 137061 号

First published in English under the title
Transport of Energetic Electrons in Solids：Computer Simulation with Applications to Materials Analysis and Characterization(3rd Ed.)
by Maurizio Dapor
Copyright © Springer Nature Switzerland AG, 2020
This edition has been translated and published under licence from
Springer Nature Switzerland AG.
本书简体中文版由 Springer 授权国防工业出版社独家出版。
版权所有, 侵权必究

※

*国防工业出版社*出版发行
(北京市海淀区紫竹院南路 23 号　邮政编码 100048)
雅迪云印(天津)科技有限公司印刷
新华书店经售

*

开本 710×1000　1/16　印张 12¼　字数 198 千字
2024 年 2 月第 1 版第 1 次印刷　印数 1—1500　定价 98.00 元

(本书如有印装错误, 我社负责调换)

国防书店：(010)88540777　　　书店传真：(010)88540776
发行业务：(010)88540717　　　发行传真：(010)88540762

译者序

电子束与材料的相互作用是物理电子学科中非常重要的研究内容，其所产生的信息是表征材料化学和成分特性的有效手段，同时所涵盖的二次电子发射现象在加速器、高功率微波源、空间大功率微波器件、卫星表面充放电、高电压绝缘等领域得到了广泛关注。

蒙特卡罗方法作为一种解决随机问题的模拟方法，是研究电子与固体相互作用的有效方法。本书介绍了电子与材料相互作用的物理现象，阐述了相互作用过程的各种散射机制及散射截面，给出了背散射系数和二次电子发射系数、二次电子能谱等关键参数的具体模拟仿真。本书既汇聚了电子与固体材料相互作用的理论原理和数学基础，又精选了基于不同策略的蒙特卡罗实例，在为读者提供仿真思想的同时，给出了电子与固体相互作用过程的蒙特卡罗仿真的具体方法，是一本非常适合物理电子学领域相关研究人员阅读的著作。

本书得到了装备科技译著出版基金的资助。译者在繁忙的工作之余，能够译成本书，特别感谢空间微波技术重点实验室营造的氛围和工作环境。感谢西安交通大学曹猛老师在翻译中给予的专业指导。感谢国家自然科学基金项目(62101434、51827809)、中国航天科技集团有限公司青年拔尖人才计划、中国航天科技集团公司五院杰出青年人才计划的资助。

由于译者水平有限,书中难免有疏漏与不妥之处,恳请广大读者不吝指正。

译　者

2023 年 9 月

第3版前言

本书是2014年(第1版)和2017年(第2版)出版的图书的延续。本书为读者编写自己的蒙特卡罗代码提供了所有必要的信息。同时,结合本书提供的许多数值和实验案例,通过对比计算结果可以更好地帮助读者描述和理解电子及正电子在固体中的输运过程和现象。

第3版的更新内容包括了电子束的自旋极化理论、分子弹性散射的研究,Bethe-Bloch阻止本领公式的简化、f-sum规则、ps-sum规则、用于计算背散射系数的Vicanek和Urbassek公式以及二次电子能谱的Wolff理论。

本次修订新加一章专门介绍计算物理学的基本概念,并且另辟一章专门讨论固体薄膜与电子、正电子相互作用的基本概念(多重反射方法)。

本书进一步比较了理论和实验数据之间的差异。

Maurizio Dapor

意大利　维拉扎诺

第2版前言

本书以最简洁的方式描述了固体中电子散射(包括弹性散射和非弹性散射)的所有机制。在研究电子与物质的相互作用过程中,详细描述了量子力学技术的使用。本书介绍了蒙特卡罗方法的使用策略,并且将仿真结果与文献中可用的实验数据进行了大量的比较。第2版延伸及更新的内容包括卢瑟福公式的推导、相对论分波展开法中计算相移的细节及Mermin理论的描述。在专门针对应用的章节中,还讨论了二次电子在质子癌症治疗中的应用,同时给出了蒙特卡罗模拟的由高能质子束产生的二次电子在固体中沉积能量的径向分布的结果。

Maurizio Dapor

2016年8月于意大利波沃

第1版前言

在现代物理中,我们感兴趣的是多维自由度的系统,如固体中原子的数目、原子中电子的数目或者与固体中许多原子和电子相互作用的束流中电子的数目。

在许多情况下,这些系统都可以通过计算高维的定积分描述。例如,温度 T 下多原子气体的经典配分函数的计算。蒙特卡罗方法可以通过横坐标上的随机抽样来估算被积函数,从而为我们提供了一种计算高维定积分的精确方法。

在研究粒子束与固体靶材相互作用时,蒙特卡罗方法还可以用来计算许多重要的物理量。基于随机采样方法对相关物理过程进行模拟,可以解决许多粒子输运问题。考虑单次碰撞效应的粒子以伪随机路径行进,则可精确地分析扩散过程。

本书致力于研究电子束与固体靶材的相互作用。作为本领域的研究者,相信本书对于学习数千电子伏的电子在固体中的输运过程是非常有帮助的。对于初学者而言,从大量的文献中整理出相关的内容并对其进行详尽研究是一件不容易的事情。

蒙特卡罗模拟是研究电子与固体相互作用的相关物理量最有力的理论方法。它可以被认为是一种理想的实验。虽然模拟本身并不研究相互作用的基本原理,但是了解这些原理,对于实现好的模拟过程,尤其是能量损失和角度偏转现象很有必要。

相对于该领域的许多其他论著(包括 2003 年作者在 Springer-Verlag 出版的 *Electron-Beam Interactions with Solids*),本书在以下两方面

进行了修正。

(1) 本书系统地缩减了较难的理论部分的数学内容。这部分内容的核心概念是散射截面的计算,为简单起见,删除了许多数学上的细节。对能量损失和角度偏转的理论部分进行了简化,给出了计算阻止本领、非弹性散射平均自由程倒数的微分及微分弹性散射截面的简单方案。同时,避免了描述深奥的量子理论,相关的数学内容和细节可以查找附录、作者之前的专著及其他现代物理和量子力学的书籍。

(2) 为了让初学者理解并掌握固体中电子输运方面的知识并打下坚实的基础,本书在推导和使用简单的理论输运模型时增加了很多细节描述,这只有通过逐步的解析公式推导才能获得。

评估蒙特卡罗程序质量的基本方法是将模拟结果与现有的实验数据进行比较。本书后半部分给出了数千电子伏的电子在固体中输运的蒙特卡罗方法的应用,并对计算的蒙特卡罗模拟结果与实验数据进行了比较,以期为读者提供更全面的视角。

Maurizio Dapor
2013 年 10 月于意大利波沃

目录

第 1 章　固体中电子的输运 … 1
- 1.1　动机：电子为何重要 … 1
- 1.2　蒙特卡罗方法 … 2
- 1.3　蒙特卡罗要素 … 2
- 1.4　电子束与固体的相互作用 … 3
- 1.5　电子能量损失峰 … 4
- 1.6　俄歇电子峰 … 6
- 1.7　二次电子峰 … 6
- 1.8　材料的表征 … 6
- 1.9　小结 … 7
- 参考文献 … 7

第 2 章　最小值计算 … 10
- 2.1　数值微分 … 10
- 2.2　数值积分 … 11
  - 2.2.1　梯形法则、辛普森法则和 Bode 法则 … 11
  - 2.2.2　高斯积分 … 12
- 2.3　常微分方程 … 13
- 2.4　数学物理的特殊函数 … 14
  - 2.4.1　勒让德多项式及连带勒让德函数 … 14
  - 2.4.2　贝塞尔函数 … 15
- 2.5　小结 … 17
- 参考文献 … 17

第3章 散射截面的基本理论 ... 18

3.1 散射截面和散射概率 ... 19
3.2 阻止本领和非弹性散射平均自由程 ... 20
3.3 射程 ... 20
3.4 能量歧离 ... 21
3.5 小结 ... 22
参考文献 ... 22

第4章 散射机制 ... 23

4.1 弹性散射 ... 23
4.1.1 Mott 散射截面与屏蔽卢瑟福散射截面 ... 24
4.1.2 极化电子束-原子弹性散射 ... 28
4.1.3 电子-分子弹性散射 ... 31
4.2 准弹性散射 ... 34
4.2.1 电子-声子相互作用 ... 34
4.3 非弹性散射 ... 35
4.3.1 阻止本领：Bethe-Bloch 公式 ... 35
4.3.2 阻止本领：半经验公式 ... 38
4.3.3 介电理论 ... 39
4.3.4 Drude 函数之和 ... 44
4.3.5 Mermin 理论 ... 47
4.3.6 交换效应 ... 48
4.3.7 极化效应 ... 49
4.4 界面现象 ... 49
4.5 小结 ... 52
参考文献 ... 53

第5章 随机数 ... 56

5.1 伪随机数的产生 ... 56

5.2 伪随机数发生器的测试 ································· 57
5.3 基于给定概率密度的伪随机数分布 ······················· 57
5.4 区间$[a,b]$内均匀分布的伪随机数 ······················· 57
5.5 基于指数概率密度的伪随机数分布 ······················· 58
5.6 基于高斯概率密度的伪随机数分布 ······················· 58
5.7 小结 ·· 59
参考文献 ··· 59

第6章 蒙特卡罗策略 ·· 60

6.1 连续慢化近似 ·· 60
   6.1.1 步长 ··· 61
   6.1.2 沉积层和衬底的界面 ··························· 61
   6.1.3 散射极角 ····································· 61
   6.1.4 末次偏转后电子的方向 ························· 62
   6.1.5 三维笛卡儿坐标系中电子的位置 ················· 62
   6.1.6 能量损失 ····································· 63
   6.1.7 轨迹的结束和轨迹的数目 ······················· 63
6.2 能量歧离策略 ·· 63
   6.2.1 步长 ··· 63
   6.2.2 弹性和非弹性散射 ····························· 64
   6.2.3 能量损失 ····································· 65
   6.2.4 电子-原子碰撞散射角 ··························· 65
   6.2.5 电子-电子碰撞散射角 ··························· 66
   6.2.6 电子-声子碰撞散射角 ··························· 67
   6.2.7 末次偏转后电子的方向 ························· 67
   6.2.8 第一步 ······································· 68
   6.2.9 透射系数 ····································· 68
   6.2.10 与表面距离相关的非弹性散射 ·················· 70
   6.2.11 轨迹结束和轨迹数目 ·························· 71
6.3 小结 ·· 71

参考文献 ··· 72

第7章 电子束与固体和薄膜互作用的基本理论 ································ 74

7.1 定义、符号及属性 ··· 74
7.2 无支撑薄膜 ··· 75
7.3 自支撑薄膜 ··· 77
7.4 小结 ··· 78
参考文献 ··· 78

第8章 背散射系数 ·· 79

8.1 固体材料的背散射电子 ··· 79
    8.1.1 背散射系数的解析模型 ······································ 79
    8.1.2 蒙特卡罗模拟背散射系数 ···································· 80
8.2 半无限衬底上单沉积层的背散射电子 ································· 82
    8.2.1 碳沉积层 ·· 82
    8.2.2 金沉积层 ·· 84
8.3 半无限衬底上双沉积层的背散射电子 ································· 85
8.4 电子与正电子背散射系数和深度分布的比较 ··························· 89
8.5 小结 ··· 91
参考文献 ··· 92

第9章 二次电子发射系数 ·· 93

9.1 二次电子发射 ··· 93
9.2 研究二次电子发射的蒙特卡罗方法 ··································· 94
9.3 研究二次电子的具体蒙特卡罗方法 ··································· 94
    9.3.1 连续慢化近似策略 ·· 94
    9.3.2 能量歧离策略 ·· 95
9.4 二次电子发射系数：PMMA 和 Al_2O_3 ······························· 96
    9.4.1 二次电子发射系数和能量的函数关系 ·························· 96
    9.4.2 ES 策略和实验的比较 ······································· 96

	9.4.3	CSDA 策略和实验的比较	98
	9.4.4	CPU 时间	99
9.5	小结		99
参考文献			100

第 10 章　二次电子能量分布 …… 101

10.1	能谱的蒙特卡罗模拟	101
10.2	等离激元损失谱和电子能量损失谱	103
	10.2.1 石墨的等离激元损失	103
	10.2.2 SiO_2 的等离激元损失	104
10.3	俄歇电子的能量损失	105
10.4	弹性峰电子能谱	106
10.5	二次电子能谱	107
	10.5.1 Wolff 理论	108
	10.5.2 描述二次电子能谱的其他公式	111
	10.5.3 二次电子的初始极角及方位角	111
	10.5.4 理论和实验数据的比较	112
10.6	小结	115
参考文献		115

第 11 章　应用 …… 117

11.1	临界尺度 SEM 的线宽测量	117
	11.1.1 临界尺度 SEM	117
	11.1.2 横向和深度分布	118
	11.1.3 硅平台的线扫描	119
	11.1.4 硅衬底上 PMMA 线的线扫描	120
11.2	在能量选择扫描电子显微镜中的应用	120
	11.2.1 掺杂衬度	120
	11.2.2 能量选择扫描电子显微镜	121
11.3	沿离子轨迹径向沉积的能量密度	122

  11.3.1 离子轨迹模拟和布拉格峰 ·· 122

  11.3.2 游离电子吸附对生物分子的损伤 ······································· 123

  11.3.3 电子输运及进一步产生的模拟 ··· 123

  11.3.4 高能质子束产生的二次电子在 PMMA 中

      沉积能量的径向分布 ··· 124

 11.4 小结 ··· 124

 参考文献 ·· 125

附录 A 一阶玻恩近似和卢瑟福散射截面 ·· 128

 A.1 弹性散射截面 ··· 128

 A.2 第一玻恩近似 ··· 129

 A.3 积分方程法 ·· 129

 A.4 卢瑟福公式 ·· 131

 A.5 小结 ··· 133

 参考文献 ·· 133

附录 B Mott 理论 ·· 134

 B.1 中心势场的狄拉克方程 ·· 134

 B.2 相对论分波展开法 ·· 137

 B.3 相移计算 ··· 144

 B.4 Mott 截面的解析近似 ··· 147

 B.5 原子势 ·· 148

  B.5.1 电子交换 ··· 148

  B.5.2 电子云的极化效应 ·· 148

  B.5.3 固态效应 ··· 149

 B.6 正电子微分弹性散射截面 ··· 149

 B.7 小结 ··· 150

 参考文献 ·· 150

附录 C　Fröhlich 理论 ·············· 151
　C.1　晶格场中的电子:哈密顿互作用 ·············· 151
　C.2　电子-声子散射截面 ·············· 153
　C.3　小结 ·············· 159
　参考文献 ·············· 159

附录 D　Ritchie 理论 ·············· 160
　D.1　能量损失和介电函数 ·············· 160
　D.2　均匀各向同性固体 ·············· 163
　D.3　小结 ·············· 164
　参考文献 ·············· 164

附录 E　Chen、Kwei 和 Li 等的理论 ·············· 165
　E.1　出射和入射电子 ·············· 165
　E.2　非弹性散射的概率 ·············· 165
　E.3　小结 ·············· 167
　参考文献 ·············· 167

附录 F　Mermin 理论和广义振子强度方法 ·············· 168
　F.1　Mermin 理论 ·············· 168
　F.2　Mermin 能量损失函数—广义振子强度法 ·············· 169
　F.3　小结 ·············· 170
　参考文献 ·············· 170

附录 G　Kramers-Kroig 关系和求和规则 ·············· 171
　G.1　外部扰动的线性响应 ·············· 171
　G.2　Kramers-Kronig 关系 ·············· 172
　G.3　求和规则 ·············· 173

G.4 小结 …………………………………………………………… 176

参考文献 …………………………………………………………… 176

附录 H　从电子能量损失谱到介电函数 …………………………… 177

H.1 从单次散射谱到能量损失函数 ………………………………… 177

H.2 小结 …………………………………………………………… 177

参考文献 …………………………………………………………… 178

第1章
固体中电子的输运

在粒子束与固体相互作用的研究中,蒙特卡罗(Monte Carlo,MC)方法可用于评估许多重要的物理量。在很多分析技术中,背散射电子和二次电子的研究尤其受到人们的关注。深入了解背散射电子和二次电子发射之前的过程有助于更好地理解表面物理。

1.1 动机:电子为何重要

电子不断地与我们周围的物质相互作用。材料的等离子体加工、电子光刻、电子显微镜和光谱学、聚变反应堆中的等离子体壁、带电粒子与航天器表面的相互作用以及强子治疗等,只是电子参与并发挥作用的几个技术实例。

实际上,在材料生产的前期或在其表征的目的上都使用了电子束。例如,用等离子体加工材料、局部熔化材料以连接大型部件,以及电子光刻,这是一项用于生产微电子器件的重要技术。电子显微镜和电子光谱学等技术在材料表征中也具有重要作用。例如,电子与航天器的表面相互作用,聚变反应堆中的等离子体壁相互作用以及质子癌症治疗。其中,质子癌症治疗会产生级联二次电子,这些极低能量的电子对人体细胞是有害的,它们电离/激发导致生物分子化学键断裂从而产生损伤。此外,由于解离电子吸附,长期以来被认为是相对无害的超低能量的二次电子对生物分子也是危险的。当然,人们也希望尽量减少辐照对病变细胞附近健康组织的影响。

在上述所有情况下,建立电子与物质相互作用的模型是非常重要的,它可以为实验证据提供充分的理论解释。

这就是对电子与物质的相互作用机理进行精确而详细研究的重要原因。

1.2 蒙特卡罗方法

世界是由量子力学统治的,对电子与物质相互作用过程的研究需要基于量子力学的技术。通常情况下参与这些过程的粒子数量是巨大的,因此使用统计方法(蒙特卡罗方法)至关重要。这种方法为自然界中许多电子与材料相互作用的现象提供了非常准确的描述。

蒙特卡罗方法是一种利用随机数、概率论和统计学来评估多重积分的数值程序。例如,计算一个封闭曲面的面积,可以用已知边长的正方形包围曲线,然后在正方形内产生大量的随机点,当一个随机点落在曲面内时,就更新一个计数器。当点数非常多时,落在曲面内的点与生成点总数的比值将接近曲面面积(未知)与正方形面积(已知)的比值。

需要强调,当维数较多时(如处理所有统计问题时),蒙特卡罗方法是计算多重积分的最佳数值程序。蒙特卡罗方法可以解决涉及大量粒子的复杂物理问题,它可以实现物理过程的真实数值模拟,如电子束与固体的相互作用。

蒙特卡罗方法主要用于评估粒子束与固体靶相互作用的必要物理量。考虑单次碰撞的影响,让粒子进行人为的随机行走,可以准确地评估扩散过程[1-4]。

1.3 蒙特卡罗要素

为了正常工作,蒙特卡罗方法需要一组描述粒子束与靶相互作用的输入数据,这些数据指定了材料的种类以及入射粒子的类型。入射到样品上的粒子与靶原子的相互作用可以通过不同物理现象的截面来描述。事实上,在电子通过材料的过程中会发生各种相互作用。

特别研究由弹性散射截面描述的弹性电子—原子散射过程。弹性散射截面可以通过屏蔽卢瑟福截面公式计算。这是一个解析表达式,当入射电子能量相对较高,并且靶原子的原子序数相对较低时,该表达式是有效的,因为它由第一玻恩近似推导。但是,低能电子和高原子序数的情况不能用这样一个简单公式很好地描述,因此描述弹性散射截面(对所有能量和原子序数均有效)的通用公式就需要更复杂的方法,即相对论分波展开法(Mott 截面)[5]。

关于非弹性散射截面,在可能的情况下将使用半经验解析公式和 Ritchie 介电理论[6]来处理更一般的情况。

当电子能量变得相对较小(20~30eV,这取决于要研究的材料)时,另一个非常重要的能量损失(和能量增益)机制与声子的产生(和湮灭)有关。为了描述这种现象,将利用Fröhlich 理论[7]引入电子—声子截面。

在许多情况下,捕获现象也很重要,需要在模拟中考虑。捕获现象可能是极慢的电子通过材料(绝缘体)引起的极化[8],和/或由材料中的缺陷引起。当处理绝缘材料时,捕获现象主要是由于极化效应,即由慢电子构成的准粒子产生,其周围有极化场[8]。对于金属和半导体,捕获主要是材料中的缺陷(杂质、结构缺陷、晶界等)造成的。

1.4 电子束与固体的相互作用

电子在固体内行进的过程中与固体中的原子发生碰撞会引起能量的损失和方向的改变,由于电子和原子核质量相差很大,因此原子核使电子发生偏转,而电子动能转移非常少。这一过程由微分弹性散射截面(由相对论分波展开法计算,对应于 Mott 截面[5])描述。对于高能电子和低原子序数的靶原子,其满足一阶玻恩近似条件,此时 Mott 截面可以采用屏蔽卢瑟福公式近似。此外,靶原子中电子的激发和发射、等离激元的激发均会造成入射电子能量的损失。这些过程对入射电子方向影响很小。等离激元的激发可以通过微分非弹性平均自由程的倒数满足的方程描述,由 Ritchie 介电理论[6]计算。Fröhlich 理论[7]可用于描述绝缘体材料中电子—声子间的准弹性相互作用。相对于等离激元的能量损失来说,电子—声子相互作用引起的能量转移非常小,可以认为是准弹性散射。在绝缘材料中电子的动能显著减小,因此需要考虑极化子效应引起的捕获现象[8]。

当电子动能大于 10keV 时,采用卢瑟福微分弹性散射截面(弹性散射)和 Bethe-Bloch 阻止本领公式或半经验阻止本领①公式(非弹性散射),MC 模拟可以给出很好的结果;但是,当电子能量远小于 5keV 时,达到了二次电子发射的条件,这种模拟方法就失效了[9]。这是很多因素导致的,主要包含以下三个方面。

(1) 卢瑟福公式是一阶玻恩近似的结果,这是一个高能近似。

(2) Bethe-Bloch 公式只有在能量非常高时才有效,特别是当电子能量 E 小于平均电离能 I 时,Bethe-Bloch 阻止本领并不能给出正确的结果。随着 E 接近于 $I/1.166$,计算结果达到最大然后趋于 0。当 $E<I/1.166$ 时,计算的阻止本领将为负值。使用半经验公式可以修正这一问题。实际上,低能弹性散射过程的计算必须借助基于介电函数的数值方法,该介电函数是能量损失和动量转移的函数。

---

① 本书采用阻止本领代替阻止力,表明电子在固体中行进单位距离损失的能量。尽管采用文献中的阻止力的表达式具有单位一致性和更高的精度,正如 PeterSigmund[6]所述,随着阻止本领的术语近百年的使用,阻止力已经很少出现。

（3）在 MC 代码中引入阻止本领，相当于使用连续慢化近似（continuous-slowing-down approximation，CSDA）。这种描述能量损失的方法完全忽略了电子在数次非弹性碰撞中实际损失的能量。有时候电子会在单次碰撞中损失所有的能量。换句话说，任何描述电子实际轨迹的模型在描述电子能量损失时都不应该使用连续近似。只有所涉及的问题不关注能量损失机制的具体细节时，才能使用 CSDA。例如，在计算背散射系数时会使用 CSDA，甚至在计算二次电子发射系数时也会使用 CSDA。当描述出射电子（背散射电子和二次电子）能量分布时，计算中就不能使用能量的连续近似，而必须包含能量歧离（energy straygling，ES）——电子在固体中行进时每次能量损失不同引起的能量损失的统计涨落。

研究二次电子的级联散射过程需要精确地处理低能弹性散射和非弹性散射，并适当地考虑能量歧离。二次电子的整个级联过程需要进行追踪，任何截断或截止均会导致对二次电子发射系数估计过低。此外，当电子能量变得很小（小于20eV）时，绝缘材料内能量损失的主要机制并不局限于电子—电子间的相互作用，电子与其他粒子或准粒子间的非弹性作用也会影响电子的能量损失。特别是当电子能量非常低时，由于电子—极化子间相互作用（极化子效应）和电子—声子间相互作用引起的捕获现象将成为能量损失的主要机制。对于电子—声子间相互作用，甚至需要考虑声子的湮灭和相应的电子能量增加。实际应用中通常忽略电子能量的增加，因为它们发生的概率非常小，任何情况下远小于声子产生的概率。

总的来说，由于入射电子与样品原子相互作用，发生散射且损失能量，其方向和动能均发生变化。碰撞通常分为弹性碰撞（与原子核散射）、准弹性碰撞（与声子散射）和非弹性碰撞（与原子中电子散射以及极化子效应引起的捕获）3 种类型。

1.5 电子能量损失峰

电子能量损失谱涵盖入射电子损失能量的原初过程，入射电子所损失的能量可以表征靶材的特性[6,11-31]。电子能谱代表了电子与靶材相互作用后，以能量为函数的出射电子数目。能谱可以表示为电子能量的函数或者电子能量损失的函数。以电子能量损失为函数的情况，能谱左边的第一个峰位于零能量损失处，即零能量损失峰，也就是弹性峰。弹性峰包含了在透射电子能量损失谱（transmission electron energy loss spectroscopy，TEELS）中所有的透射电子，或者在反射电子能量损失谱（reflection electron energy loss spectroscopy，REELS）中所有的背散射电子，这些过程均没有任何明显的能量损失，即弹性峰既包含没有任何能量损失的电子，也包含与声子（由于能量转移非常小，不能采用传统的能谱仪通过实验分辨）经过一次或多次准弹性碰撞的透射电子或背散射电子。在 TEELS 中，弹性峰还包含所有没有发生散射的电子,也就是说这些电子在靶材的行进过程中没有发生任何偏转和能量损失。

实际上,弹性峰的电子能量存在轻微的损失,这是由于反冲动能转移到了样品的原子中。弹性峰电子谱(elastic peak electron spectroscopy,EPES)是用于分析弹性峰线形的技术[32-33]。由于较轻的元素表现出了较大的能量偏移,通过测量碳弹性峰位置和氢弹性峰位置间的能量差,EPES可用于检测聚合物材料和碳氢化合物材料[34-41]中的氢。例如,入射电子能量为1000~2000eV时,弹性峰能量位置间的差为2~4eV。

从弹性峰到第一个30~40eV间,一般存在一个很宽范围的峰,包含与原子外壳层电子发生非弹性相互作用的所有电子。通常,它包含与等离激元发生非弹性相互作用(等离激元损失),以及能带内和能带间跃迁而损失能量的电子。在样品足够厚(在TEELS中)或体样品(在REELS中)的情况下,电子从样品表面逃逸之前,与等离激元经过多次非弹性碰撞的概率是不可忽略的。这种电子与等离激元的多重非弹性碰撞在能谱中表现为一系列等距峰(这些峰间的距离由等离激元能量给定)。这些多重非弹性散射峰的相对强度随着能量损失的增加而降低,这表明经过一次非弹性碰撞的概率远大于经过两次非弹性碰撞的概率,而后者又远大于经过三次非弹性碰撞的概率,依次类推。当然,TEELS可以测量到的多重散射峰的数目也是样品厚度的函数。当膜厚远大于非弹性平均自由程时,可以清晰地观察到等离激元能量的倍数的多个散射峰,这些散射峰位于弹性峰和100~200eV附近的能量损失区域(能谱中距离弹性峰100~200eV到弹性峰的区间)。另外,当膜厚远小于电子非弹性平均自由程时,在100~200eV以下的能量损失区间,可以观察到强的弹性峰和第一等离激元损失峰。

对于更高的能量损失,在能谱中可以观察到对应于原子内壳层电子激发的边沿(相对于等离激元损失的强度低)。这些边沿随着能量损失的增加而缓慢地下降。台阶或者陡增能量的位置对应的是电离阈值。由每个边沿的能量损失可近似估计出非弹性散射过程中内壳层能级的结合能。

当能量分辨率优于2eV时,在低能损失峰和电离阈值边界可以观察到与靶材的能带结构和结晶特性有关的细节特征。例如,根据碳的结构可在能谱中的不同能量处观察到碳的等离激元峰。这是由于碳的同素异形体,如金刚石、石墨、富勒烯C_{60}、玻璃碳和无定形碳[26-27]具有不同的价电子密度。

关于电子能量损失谱更详细的论述可参见文献[26]。

1.6 俄歇电子峰

由于存在双电离原子,在能谱中同样可以观察到俄歇电子峰。俄歇[42]和迈特纳[43]均在充满惰性气体的 X 射线辐射云室中发现了从共同起始点出发的成对粒子轨迹。其中一条轨迹具有与入射粒子辐射能量相关的可变波长,另一条轨迹具有确定波长。俄歇指出了气体中双电离原子的存在。两年后,温泽尔(Wentzel)提出了两步过程的假说。在 Wentzel 的假设中,初始电离之后是一个衰变的过程[44]。入射粒子辐射电离了原子系统的 S 内壳层,于是该原子系统基于两种不同机制之一而衰变。其中,一种机制是辐射机制,电子从 R 外壳层跃迁到 S 内壳层,并发射一个光子;另一种机制是非辐射机制,电子从 R 外壳层跃迁到 S 内壳层,额外的能量使 R'外壳层的电子(俄歇电子)发射。在电子能谱中,由非辐射过程产生的俄歇电子峰是可以识别的。

1.7 二次电子峰

由级联散射过程产生的二次电子通过非弹性电子—电子碰撞从原子中发射。实际上,并不是所有产生的二次电子都能从固体靶材中出射。为了从表面出射,固体中产生的二次电子必须到达表面并满足一定的角度和能量条件。当然,只有能从靶材中逃逸的二次电子才能包括在能谱中。在能谱中,50eV 以下的能量范围会存在一个明显的峰,该峰代表了二次电子能谱。通常,二次电子发射系数也是测量 0~50eV 范围内能谱的面积积分(该方法包括了背散射电子的一小部分,这部分能量区域的背散射电子数量实际上是可忽略的,除非初始电子能量非常低)。

1.8 材料的表征

材料中电子输运过程的模拟在许多应用中都非常重要。粒子束辐照固体产生电子发射的测定尤为关键和重要,特别是在利用电子研究固体近表面的化学和成分特性的分析技术中。

为研究电子和物质如何相互作用,电子光谱仪和显微镜代表了研究物质的电子与光学特性的基本仪器。电子光谱仪和显微镜可用于研究化学成分、电子特性和材料的晶体结构。基于入射电子能量的不同,可以利用一系列的光谱技术,例如:低能电子衍射(low energy electron diffraction,LEED)可用于研究表面的晶格结构;俄歇电子谱(auger electron spectroscopy,AES)可用于分析固体表面的化学成分;电子能量损失谱,不管是能谱仪与透射电镜相结合的透射谱还是反射谱,都可以通过等离激元损失峰的形状、带内和带间跃迁产生的细微结构特征与合适的标准的对比来表征材料特性;弹性峰电子能谱是检测碳基材料中氢存在的一种有用手段。

采用电子探针研究材料的特性需要了解电子与所研究的特定材料相互作用的物理过程。例如,原子谱的典型 AES 峰的宽度为 0.1~1eV。固体中,许多能量上很接近的能级都在此范围,所以在固体的 AES 中观察到的峰都较宽。这一特征同样依赖仪器的分辨率。能谱的另一重要特性是峰的能量偏移与化学环境相关,实际上当原子作为固体的一部分时,原子核的能级是偏移的。当从理论上或通过与合适的标准对比能确定该偏移时,这一性质可用于表征材料。甚至能谱强度的改变和二次电子峰的出现都可用于分析未知材料。电子能谱也可用于自支撑薄膜的局部厚度测量、多层表面薄膜厚度测量、半导体中掺杂剂量的确定、辐射损伤研究等。

背散射电子系数可用于沉积层薄膜厚度的无损预测[45-46],同时在背散射电子能量分布的研究中可以通过等离激元损失峰的形状表征材料[47-48]。

二次电子的研究可通过模拟二次电子成像的物理过程以获得临界尺寸[49-51]。通过二次电子可研究 PN 结的掺杂对比度,以及精确评估最先进互补金属氧化物半导体(CMOS)工艺的纳米测量技术[52-53]。

1.9 小结

输运蒙特卡罗仿真是一种非常有用的数学工具,它可以描述许多和电子束与固体靶材相互作用相关的重要过程。尤其是固体材料的背散射电子发射和二次电子发射都需要采用蒙特卡罗方法来研究。

背散射电子和二次电子的蒙特卡罗研究的许多应用都涉及材料的分析及特性。在蒙特卡罗仿真的分析和表征的众多应用中,本章提到了沉积层厚度的无损检测[45-46],通过研究电子谱的主要特征和等离激元损失峰来表征材料[47],通过模拟二次电子图像形成的物理过程获取临界尺度[49-51],以及用于评估最先进的 CMOS 工艺的纳米计量学中的 PN 结的掺杂对比度[52-53]。

参考文献

[1] R. Shimizu, Ding Ze-Jun. Rep. Prog. Phys. **55**, 487(1992).

[2] D. C. Joy, *Monte Carlo Modeling for Electron Microscopy and Microanalysis* (Oxford University Press, Oxford, 1995)

[3] M. Dapor, *Electron-Beam Interactions with Solids: Application of the Monte Carlo Method toElectron Scattering Problems* (Springer, Berlin, 2003)

[4] C. G. H. Walker, L. Frank, I. Müllerová, Scanning **9999**, 1 (2016)

[5] N. F. Mott, Proc. R. Soc. Lond. Ser. **124**, 425 (1929)

[6] R. H. Ritchie, Phys. Rev. **106**, 874 (1957)

[7] H. Fröhlich, Adv. Phys. **3**, 325 (1954)

[8] J. P. Ganachaud, A. Mokrani, Surf. Sci. **334**, 329 (1995)

[9] M. Dapor, Phys. Rev. B **46**, 618 (1992)

[10] P. Sigmund, *Particle Penetration and Radiation Effects* (Springer, Berlin, 2006)

[11] R. H. Ritchie, A. Howie, Philos. Mag. **36**, 463 (1977)

[12] H. Ibach, *Electron Spectroscopy for Surface Analysis* (Springer, Berlin, 1977)

[13] P. M. Echenique, R. H. Ritchie, N. Barberan, J. Inkson, Phys. Rev. B **23**, 6486 (1981)

[14] H. Raether, *Excitation of Plasmons and Interband Transitions by Electrons* (Springer, Berlin, 1982)

[15] D. L. Mills, Phys. Rev. B **34**, 6099 (1986)

[16] D. R. Penn, Phys. Rev. B **35**, 482 (1987)

[17] J. C. Ashley, J. Electron Spectrosc. Relat. Phenom. **46**, 199 (1988)

[18] F. Yubero, S. Tougaard, Phys. Rev. B **46**, 2486 (1992)

[19] Y. F. Chen, C. M. Kwei, Surf. Sci. **364**, 131 (1996)

[20] Y. C. Li, Y. H. Tu, C. M. Kwei, C. J. Tung, Surf. Sci. **589**, 67 (2005)

[21] A. Cohen-Simonsen, F. Yubero, S. Tougaard, Phys. Rev. B **56**, 1612 (1997)

[22] Z. -J. Ding, J. Phys. Condens. Matter **10**, 1733 (1988)

[23] Z. -J. Ding, R. Shimizu, Phys. Rev. B **61**, 14128 (2000)

[24] Z. -J. Ding, H. M. Li, Q. R. Pu, Z. M. Zhang, R. Shimizu, Phys. Rev. B **66**, 085411 (2002)

[25] W. S. M. Werner, W. Smekal, C. Tomastik, H. Störi, Surf. Sci. **486**, L461 (2001)

[26] R. F. Egerton, *Electron Energy-Loss Spectroscopy in the Electron Microscope*, 3rd edn. (Springer, New York, 2011)

[27] R. Garcia-Molina, I. Abril, C. D. Denton, S. Heredia-Avalos, Nucl. Instrum. Methods Phys. Res. B **249**, 6 (2006)

[28] R. F. Egerton, Rep. Prog. Phys. **72**, 016502 (2009)

[29] S. Taioli, S. Simonucci, L. Calliari, M. Filippi, M. Dapor, Phys. Rev. B **79**, 085432 (2009)

[30] S. Taioli, S. Simonucci, M. Dapor, Comput. Sci. Discovery **2**, 015002 (2009)

[31] S. Taioli, S. Simonucci, L. Calliari, M. Dapor, Phys. Rep. **493**, 237 (2010)

[32] G. Gergely, Progr. Surf. Sci. **71**, 31 (2002)

[33] A. Jablonski, Progr. Surf. Sci. **74**, 357 (2003)

[34] D. Varga, K. Tökési, Z. Berènyi, J. Tóth, L. Kövér, G. Gergely, A. Sulyok, Surf. Interface Anal. **31**,

1019(2001)

[35] A. Sulyok, G. Gergely, M. Menyhard, J. Tóth, D. Varga, L. Kövér, Z. Berènyi, B. Lesiak, A. Jablonski, Vacuum **63**,371(2001)

[36] G. T. Orosz, G. Gergely, M. Menyhard, J. Tóth, D. Varga, B. Lesiak, A. Jablonski, Surf. Sci. **566–568**,544(2004)

[37] F. Yubero, V. J. Rico, J. P. Espinós, J. Cotrino, A. R. González-Elipe, Appl. Phys. Lett. **87**,084101 (2005)

[38] V. J. Rico, F. Yubero, J. P. Espinós, J. Cotrino, A. R. González-Elipe, D. Garg, S. Henry, Diam. Relat. Mater. **16**, 107(2007)

[39] D. Varga, K. Tökési, Z. Berènyi, J. Tóth, L. Kövér, Surf. Interface Anal. **38**,544(2006)

[40] M. Filippi, L. Calliari, Surf. Interface Anal. **40**,1469(2008)

[41] M. Filippi, L. Calliari, C. Verona, G. Verona-Rinati, Surf. Sci. **603**,2082(2009)

[42] P. Auger, P. Ehrenfest, R. Maze, J. Daudin, R. A. Fréon, Rev. Modern Phys. **11**,288(1939)

[43] L. Meitner, Z. Phys. **17**,54(1923)

[44] G. Wentzel, Z. Phys. **43**,524(1927)

[45] M. Dapor, N. Bazzanella, L. Toniutti, A. Miotello, S. Gialanella, Nucl. Instrum. Methods Phys. Res. B **269**,1672(2011)

[46] M. Dapor, N. Bazzanella, L. Toniutti, A. Miotello, M. Crivellari, S. Gialanella, Surf. Interface Anal. **45**,677(2013)

[47] M. Dapor, L. Calliari, G. Scarduelli, Nucl. Instrum. Methods Phys. Res. B **269**,1675(2011)

[48] M. Dapor, L. Calliari, S. Fanchenko, Surf. Interface Anal. **44**,1110(2012)

[49] M. Dapor, M. Ciappa, W. Fichtner, J. Micro/Nanolith, MEMS MOEMS **9**,023001(2010)

[50] M. Ciappa, A. Koschik, M. Dapor, W. Fichtner, Microelectr. Reliab. **50**,1407(2010)

[51] A. Koschik, M. Ciappa, S. Holzer, M. Dapor, W. Fichtner, Proc. SPIE **7729**,77290X-1(2010)

[52] M. Dapor, M. A. E. Jepson, B. J. Inkson, C. Rodenburg, Microsc. Microanal. **15**,237(2009)

[53] C. Rodenburg, M. A. E. Jepson, E. G. T. Bosch, M. Dapor, Ultramicroscopy **110**,1185(2010)

第2章
最小值计算

本书为解决许多输运现象中的问题提供了多种数值方法。为了能够计算出相关的微分散射截面(包括弹性散射截面和非弹性散射截面),需要掌握数值分析和计算物理学的方法。本章将简要概述计算方法[1-3]的基本概念。特别是,将介绍最重要和最常用的数值微分、数值正交和常微分方程的数值解法。这些方法对于研究许多物理问题至关重要,例如,中心场中狄拉克方程的求解,这是计算 Mott 弹性散射截面的先决条件。本章最后将对一些重要的特殊数学物理函数(勒让德多项式、连带勒让德函数、第一类和第二类球贝塞尔函数)及其计算的递推公式进行简要研究。

2.1 数值微分

在 $x=0$ 附近,由泰勒级数展开函数 $f(x)$ 可以写为

$$f(x) = f(0) + xf'(0) + \frac{x^2}{2!}f''(0) + \cdots \tag{2.1}$$

从式(2.11)可以得出

$$f(h) = f(0) + hf'(0) + \frac{h^2}{2!}f''(0) + \cdots \tag{2.2}$$

$$f(h) = f(0) - hf'(0) + \frac{h^2}{2!}f''(0) + \cdots \tag{2.3}$$

因此,有

$$f' = \frac{f(h) - f(0)}{h} + \mathcal{O}(h) \tag{2.4}$$

$$f' = \frac{f(h) - f(-h)}{2h} + \mathcal{O}(h^2) \tag{2.5}$$

如果 f 是区间 $[0,h]$ 内的线性函数,则由式(2.4)表示的"两点"公式是精确的。换句话说,式(2.4)假设了函数 f 通过 $x=0$ 和 $x=h$ 进行线性插值。如果 f 是

区间$[-h,h]$中的二阶多项式函数,由式(2.5)表示的"三点"公式是精确的。换句话说,式(2.5)假设函数f通过$x=-h,x=0,x=h$进行二次多项式插值。

类似的过程也可以用于计算高阶导数。例如,由式(2.2)和式(2.3)可以很容易地得到

$$f'' = \frac{f(h) - 2f(0) + f(-h)}{h^2} + \mathcal{O}(h^2) \tag{2.6}$$

2.2 数值积分

2.2.1 梯形法则、辛普森法则和 Bode 法则

假设函数f在区间$[0,h]$内近似线性,可以得到梯形法则为

$$\int_0^h f(x)\,\mathrm{d}x = \frac{f(0) + f(h)}{2}h + \mathcal{O}(h^3) \tag{2.7}$$

式(2.7)也可以用关于$x=0$的对称形式表示如下(假设f在$[-h,0]$和$[0,h]$两个区间内近似线性):

$$\int_{-h}^h f(x)\,\mathrm{d}x = \frac{f(-h) + 2f(0) + f(h)}{2}h + \mathcal{O}(h^3) \tag{2.8}$$

"梯形法则"的名称源于这样一个事实:如果f为正值,则积分近似于梯形的面积。为了提高精度,考虑对$|x|<h$有效的泰勒展开近似:

$$f(x) \approx f(0) + \frac{f(h) - f(-h)}{2h}x + \frac{f(h) - 2f(0) + f(-h)}{2h^2}x^2 \tag{2.9}$$

对式(2.9)从$-h$到h积分,可得

$$\int_{-h}^h f(x)\,\mathrm{d}x = 2hf(0) + \frac{2h^3}{3}\frac{f(h) - 2f(0) + f(-h)}{2h^2} + \mathcal{O}(h^5) \tag{2.10}$$

通过重新整理式(2.10),获得辛普森正交法则:

$$\int_{-h}^h f(x)\,\mathrm{d}x = \frac{f(h) + 4f(0) + f(-h)}{3}h + \mathcal{O}(h^5) \tag{2.11}$$

考虑泰勒展开式中的更多项,可以获得更高阶的公式,如 Bode 的正交法则:

$$\int_{x_0}^{x_0+4h} f(x)\,\mathrm{d}x = \frac{2h}{45}[7f(x_0) + 32f(x_0 + h) + 12f(x_0 + 2h) + \\ 32f(x_0 + 3h) + 7f(x_0 + 4h)] + \mathcal{O}(h^7) \tag{2.12}$$

2.2.2 高斯积分

考虑积分:

$$S = \int_{-1}^{1} f(x)\,\mathrm{d}x \tag{2.13}$$

2.2.1 节中描述的基本正交公式采用以下方法对 S 进行数值逼近:

$$S \approx \sum_{n=1}^{N} c_n f(x_n) \tag{2.14}$$

式(2.14)最后一项展开

$$x_n = 2\frac{n-1}{N-1} - 1 \tag{2.15}$$

通过求解以下 N 组线性方程组,可以确定系数 c_n:

$$\int_{-1}^{1} x^p\,\mathrm{d}x = \sum_{n=1}^{N} c_n x_n^p \tag{2.16}$$

式中: $p = 0, 1, \cdots, N-1$。

例如,以辛普森法则为例,在 $N=3, x_1=-1, x_2=0, x_3=+1$ 的情况下,有

$$c_1 + c_2 + c_3 = \int_{-1}^{1} \mathrm{d}x = 2 \tag{2.17}$$

$$c_1 x_1 + c_2 x_2 + c_3 x_3 = -c_1 + c_3 = \int_{-1}^{1} x\,\mathrm{d}x = 0 \tag{2.18}$$

$$c_1 x_1^2 + c_2 x_2^2 + c_3 x_3^2 = c_1 + c_3 = \int_{-1}^{1} x^2\,\mathrm{d}x = \frac{2}{3} \tag{2.19}$$

因此, $c_1 = 1/3, c_2 = 4/3, c_3 = 1/3$。

为了提高精度,放弃 x_n 是等间距点的要求。在这种情况下,以勒让德多项式 $P_N(x)$ 的 N 个零点作为 x_n[2],有

$$c_n = \frac{2}{(1-x_n^2)[P_N'(x_n)]^2} \tag{2.20}$$

一旦得到 x_n 和 c_n 的值,就能够容易地计算出积分式(2.13),如果需要计算积分

$$S_{ab} = \int_a^b f(x)\,\mathrm{d}x \tag{2.21}$$

只需要对变量进行以下变换:

$$y = 2\frac{x-a}{b-a} - 1 \tag{2.22}$$

注意,高斯积分是一种效率非常高的算法,但它要求被积函数是 x 的平滑函

数。对于变化剧烈的积分函数,高斯积分仍可用于积分范围内多个子区间的积分[2]。

2.3 常微分方程

最简单的常微分方程为

$$\frac{\mathrm{d}y}{\mathrm{d}x} = f(x,y) \tag{2.23}$$

式中:$f(x,y)$ 是 x 和 y 的已知函数。

可以找到满足以下初始条件的式(2.23)中的函数 $y(x)$,即

$$y(x_0) = y_0 \tag{2.24}$$

式中:x_0、y_0 为实数。

欧拉方法是解决该问题最简单的数值方法。为了说明此方法,考虑自变量 x 在 $[0,1]$ 范围内的情况。假设 $x_0 = 0$,将区间 $[0,1]$ 划分为 N 个具有相同长度 $h = 1/N$ 的子区间。欧拉方法基于以下简单的递推公式,在数值上通过逐步积分求解式(2.23),可得

$$y_{n+1} = y_n + hf(x_n, y_n) + \mathcal{O}(h^2) \tag{2.25}$$

式中:$y_n = y(x_n)$,$x_n = nh$。

注意,由于局部误差为 $\mathcal{O}(h^2)$,从 $x = 0$ 到 $x = 1$ 积分需要 N 步,则全局误差为 $N\mathcal{O}(h^2) = (1/h)\mathcal{O}(h^2) \approx \mathcal{O}(h)$。

欧拉方法的精度相对较低。龙格-库塔(Runge-Kutta)法代表了一种更准确的方法。例如,根据二阶龙格-库塔法,常微分方程式(2.23)的解可以近似为

$$y_{n+1} = y_n + hf(x_n + h/2, y_n + k/2) + \mathcal{O}(h^3) \tag{2.26}$$

式中

$$k = hf(x_n, y_n) \tag{2.27}$$

根据四阶龙格-库塔法可得

$$y_{n+1} = y_n + \frac{1}{6}(k_1 + 2k_2 + 2k_3 + k_4) + \mathcal{O}(h^5) \tag{2.28}$$

式中

$$\begin{aligned} k_1 &= hf(x_n, y_n) \\ k_2 &= hf(x_n + h/2, y_n + k_1/2) \\ k_3 &= hf(x_n + h/2, y_n + k_2/2) \\ k_4 &= hf(x_n + h, y_n + k_3) \end{aligned} \tag{2.29}$$

2.4 数学物理的特殊函数

2.4.1 勒让德多项式及连带勒让德函数

$l(l=0,1,2,\cdots,\infty)$ 阶勒让德多项式的定义为

$$P_l(u) = \frac{1}{2^l l!} \frac{d^l}{du^l}(u^2-1)^l \qquad (2.30)$$

式(2.30)是一个在$(-1,+1)$范围内有l个零点的多项式,奇偶性由$(-1)^l$决定,前5项勒让德多项式为

$$P_0 = 1 \qquad (2.31)$$

$$P_1 = u \qquad (2.32)$$

$$P_2 = \frac{1}{2}(3u^2 - 1) \qquad (2.33)$$

$$P_3 = \frac{1}{2}(5u^2 - 3u) \qquad (2.34)$$

$$P_4 = \frac{1}{8}(35u^4 - 30u^2 + 3) \qquad (2.35)$$

连带勒让德函数:

$$P_l^m(u) = (u^2-1)^{(1/2)m} \frac{d^m}{du^m} P_l(u) \qquad (2.36)$$

勒让德多项式是连带勒让德函数在$m=0$时的特殊形式:

$$P_l(u) = P_l^0(u) \qquad (2.37)$$

连带勒让德函数满足正交关系

$$\int_{-1}^{+1} P_k^m P_l^m du = \frac{2}{2l+1} \frac{(l+m)!}{(l-m)!} \delta_{kl} \qquad (2.38)$$

和微分方程

$$\left[(1-u^2)\frac{d^2}{du^2} - 2u\frac{d}{du} + l(l+1) - \frac{m^2}{1-u^2}\right] P_l^m = 0 \qquad (2.39)$$

当使用勒让德多项式时,以下的递推关系非常有用:

$$(l-m+1) P_{l+1}^m(u) + (l+m) P_{l-1}^m(u) = (2l+1) u P_l^m(u) \qquad (2.40)$$

$$(1-u^2)\frac{d}{du} P_l^m(u) = (l+m) P_{l-1}^m(u) - lu P_l^m(u) \qquad (2.41)$$

为了找到勒让德多项式所对应的递推关系,令式(2.40)和式(2.41)中$m=0$,

得到

$$(l+1)P_{l+1}(u) + lP_{l-1}(u) = (2l+1)uP_l(u) \tag{2.42}$$

$$(1-u^2)\frac{\mathrm{d}}{\mathrm{d}u}P_l(u) = lP_{l-1}(u) - luP_l(u) \tag{2.43}$$

勒让德多项式是轨道角动量平方的特征函数：

$$\boldsymbol{L}^2 = -\hbar^2\left(\frac{\partial^2}{\partial\theta^2} + \cot\theta\frac{\partial}{\partial\theta} + \frac{1}{\sin^2\theta}\frac{\partial^2}{\partial\phi^2}\right) \tag{2.44}$$

$$\boldsymbol{L}^2 P_l(\cos\theta) = \hbar^2 l(l+1)P_l(\cos\theta) \tag{2.45}$$

2.4.2 贝塞尔函数

v 阶贝塞尔方程为

$$x^2\frac{\mathrm{d}^2 y}{\mathrm{d}x^2} + x\frac{\mathrm{d}y}{\mathrm{d}x} + (x^2 - v^2)y = 0 \tag{2.46}$$

式(2.46)的解是贝塞尔函数 J_{-v} 和 J_{+v} 的线性组合。

考虑一个粒子在恒定势场 V_0 中的薛定谔方程：

$$(\nabla^2 + \boldsymbol{K}^2 - U_0)\psi = 0 \tag{2.47}$$

式中：$\nabla \equiv (\partial/\partial x, \partial/\partial y, \partial/\partial z), \boldsymbol{K} = \boldsymbol{p}/m, \boldsymbol{K}^2 = 2mE/\hbar^2, U_0 = 2mV_0/\hbar^2$。

采用勒让德多项式展开波函数：

$$\psi(r,\cos\theta) = \sum_{l=0}^{\infty} a_l \frac{y_l(r)}{r} P_l(\cos\theta) \tag{2.48}$$

考虑到式(2.45)，薛定谔方程转换为下面方程：

$$\sum_{l=0}^{\infty}\left[\frac{\partial^2}{\partial r^2} + \frac{2}{r}\frac{\partial}{\partial r} - \frac{l(l+1)}{r^2} + \boldsymbol{K}^2 - U_0\right]a_l\frac{y_l(r)}{r}P_l(\cos\theta) = 0 \tag{2.49}$$

所有的展开系数必须满足以下微分方程：

$$\left[\frac{\partial^2}{\partial r^2} + \frac{2}{r}\frac{\partial}{\partial r} - \frac{l(l+1)}{r^2} + \boldsymbol{K}^2 - U_0\right]a_l\frac{y_l(r)}{r} = 0 \tag{2.50}$$

如果定义

$$k^2 = \boldsymbol{K}^2 - U_0 \tag{2.51}$$

则可以写为

$$\left[\frac{\mathrm{d}^2}{\mathrm{d}r^2} - \frac{l(l+1)}{r^2} + k^2\right]y_l(r) = 0 \tag{2.52}$$

引入变量 $x \equiv kr$，式(2.52)可以改写为

$$\left[\frac{\mathrm{d}^2}{\mathrm{d}x^2} - \frac{l(l+1)}{x^2} + 1\right]y_l(x) = 0 \tag{2.53}$$

l 阶球贝塞尔函数定义为

$$j_l(x) = \sqrt{\frac{\pi}{2x}} J_{l+1/2}(x) \tag{2.54}$$

由于 $x^{1/2}J_{l+1/2}$ 是式(2.53)的解,因此可以推断函数 $krj_l(kr)$ 是式(2.52)的解。

同理,一旦将 l 阶的球诺依曼函数(也称为 l 阶第二类球贝塞尔函数)定义为

$$n_l(x) = (-1)^{l+1} \sqrt{\frac{\pi}{2x}} J_{-l-1/2}(x) \tag{2.55}$$

则可以证明,$krn_l(kr)$ 是式(2.52)的解。

第一类球贝塞尔函数的前三项分别为

$$j_0 = \frac{\sin x}{x} \tag{2.56}$$

$$j_1 = \frac{\sin x}{x^2} - \frac{\cos x}{x} \tag{2.57}$$

$$j_2 = \left(\frac{3}{x^3} - \frac{1}{x}\right)\sin x - \frac{3}{x^2}\cos x \tag{2.58}$$

球诺依曼函数的前三项分别为

$$n_0 = -\frac{\cos x}{x} \tag{2.59}$$

$$n_1 = -\frac{\cos x}{x^2} - \frac{\sin x}{x} \tag{2.60}$$

$$n_2 = \left(-\frac{3}{x^3} + \frac{1}{x}\right)\cos x - \frac{3}{x^2}\sin x \tag{2.61}$$

可以证明

$$j_l(x) \underset{x \to 0}{\sim} \frac{x^l}{1 \times 3 \times \cdots \times (2l+1)} \tag{2.62}$$

和

$$n_l(x) \underset{x \to 0}{\sim} \frac{1 \times 3 \times \cdots \times (2l-1)}{x^{l+1}} \tag{2.63}$$

下列等式成立:

$$j_l(0) = \delta_{l0} \tag{2.64}$$

贝塞尔函数和诺依曼函数的渐近性质由以下公式描述:

$$j_l(x) \underset{x \to \infty}{\sim} \frac{\sin(x - l\pi/2)}{x} \tag{2.65}$$

$$n_l(x) \underset{x \to \infty}{\sim} \frac{\cos(x - l\pi/2)}{x} \tag{2.66}$$

如果用 f_l 表示贝塞尔函数和诺依曼函数的任意线性组合($f_l = a j_l + b n_l$,其中 a 和 b 是任意系数),则

$$x f_{l-1} - (2l+1) f_l + x f_{l+1} = 0 \tag{2.67}$$

$$x f_{l-1} - (l+1) f_l - x \frac{\mathrm{d} f_l}{\mathrm{d} x} = 0 \tag{2.68}$$

2.5 小结

本章总结了计算方法的基本内容。特别介绍了数值微分方法、数值积分法则和常微分方程数值求解算法(欧拉方法、龙格-库塔法)。2.4 节介绍了一些特殊函数,这些函数对于研究中心场对电子的散射具有重要意义。特别提供了计算勒让德多项式、连带勒让德函数以及第一类和第二类球贝塞尔函数的递推公式。

参考文献

[1] R. L. Burden, J. D. Faires, Numerical Analysis(PWS, Boston, 1985)
[2] S. E. Koonin, D. C. Meredith, Computational Physics(Addison-Wesley, Redwood City, 1990)
[3] W. H. Press, S. A. Teukolsky, W. T. Vetterling, B. P. Flannery, Numerical Recipes in C. The Art of Scientific Computing(Cambridge University Press, Cambridge, 1985);2nd ed.(1992);3rd edn.(2007)

第3章
散射截面的基本理论

在电子显微学和光谱学中,电子透射材料时会发生多种不同的散射过程。为了真实描述电子的发射,有必要了解所涉及的所有散射的机制[1-2]。

本章将介绍散射截面和阻止本领的概念,有关所探讨的主题更深入的综述也可参见文献[1]。由于本章着眼于透射理论的基本原理,因此选择了基础的内容进行介绍,更详细的内容将在第4章和附录中阐述。

从宏观的角度讲,散射截面代表可以被抛射物击中的靶面积,它取决于靶和抛射物的几何特性。例如,一个点状子弹碰撞在一个半径为 r 的球面靶上,这个靶的散射截面可以简单地表示为 $\sigma = \pi r^2$。

在显微学领域,需要将散射截面的概念推广,以便考虑到散射截面不仅取决于抛射物和靶,还取决于它们的相对速度和我们感兴趣的物理现象。例如,电子(抛射物)碰撞在原子(靶)上的弹性散射截面和非弹性散射截面。弹性散射截面描述的是入射粒子(电子)和靶(原子)之间动能不变的相互作用,这是由于电子的质量比原子的质量小得多,因此,经过弹性碰撞后,电子的动能在相互作用前后几乎是相同的。非弹性散射截面描述的是能量从入射粒子(电子)转移到靶(原子)的碰撞,由于这种相互作用,入射电子的动能减小,从而速度减缓。由于散射截面是入射电子动能的函数,每一次非弹性散射之后,如果还有碰撞发生,其散射截面(包括弹性散射截面和非弹性散射截面)都将相应地改变。

在实验中,研究人员无法测量单个电子碰撞在单个原子上的散射截面。典型的实验是由大量电子(电子束)与由许多原子和/或分子构成的介质(如气体、非晶体或者晶体固体)碰撞。理论上,构成电子束的电子具有相同的初始能量,且彼此之间没有相互作用,只和介质中的原子发生相互作用。实际上,组成束流的电子能量分布在初始能量附近,这个初始能量可视为电子的平均能量。此外,电子束中的电子并不是只与靶原子(或分子)相互作用,它们彼此之间也会有相互作用。忽略这种相互作用相当于研究弱束流近似[1]。

3.1 散射截面和散射概率

用 σ 表示感兴趣描述的物理效应的散射截面,用 J 表示电流密度,即电子束在单位时间内通过单位面积的电子个数。此外,用 N 表示单位体积靶内的靶原子个数,A 表示电子束在靶上所辐照的面积。假设电子束分布是均匀的。如果碰撞发生的深度为 z,则电子与阻止媒质发生相互作用的体积为 zA。因此,单位时间内发生碰撞的电子数目为 $NzAJ\sigma$。由于 A 和 J 的乘积是单位时间的电子个数,因此每个电子发生碰撞的平均次数:

$$P = Nz\sigma \tag{3.1}$$

假设靶的厚度 z 非常小(薄膜),或者单位体积为靶原子的个数 N 非常小(气体靶),因此 $P \ll 1$,P 代表一个电子在穿过介质的过程中发生一次碰撞的概率。

在大多数实验中,抛射物会经历多次碰撞,将每个粒子的轨迹与圆柱体积 $V = z\sigma$ 联系起来,并计算 v 个靶粒子打在该体积的概率 P_v。如果在这种情况下任意两个靶粒子的位置不相关,如理想气体,则这个概率可由泊松分布得到,即

$$P_v = \frac{(NV)^v}{v!}\exp(-NV) = \frac{(Nz\sigma)^v}{v!}\exp(-Nz\sigma), v = 0,1,2,3,\cdots \tag{3.2}$$

首先考虑单次碰撞的问题,即 $v=1$。电子恰好打在体积 $z\sigma$ 中的一个粒子的概率为

$$P_1 = P_{(v=1)} = (Nz\sigma)\exp(-Nz\sigma) \tag{3.3}$$

由于限定了 $Nz\sigma \ll 1$,则

$$P_1 \approx P = Nz\sigma \tag{3.4}$$

这与前面推导的结果(式(3.1))相同。

在相同的限定中,不发生碰撞的概率由 $1 - P = 1 - Nz\sigma$ 给出。这是著名的 Lambert-Beer 衰减定律中 $Nz\sigma$ 的一阶项,即

$$P_0 = P_{(v=0)} = \exp(-Nz\sigma) \tag{3.5}$$

注意,对于 $Nz\sigma$ 的一阶项,发生两次碰撞的概率为零。

泊松分布的一个特点是期望值和方差相等。特别是,平均值 $\langle v \rangle$ 和方差 $\langle (v - \langle v \rangle)^2 \rangle$ 可以表示为

$$\langle v \rangle = \langle (v - \langle v \rangle)^2 \rangle = Nz\sigma \tag{3.6}$$

因此,相对波动随着 $\langle v \rangle = Nz\sigma$ 的平方根的倒数趋于 0:

$$\sqrt{\frac{\langle (v - \langle v \rangle)^2 \rangle}{\langle v \rangle^2}} = \frac{1}{\sqrt{\langle v \rangle}} \tag{3.7}$$

3.2 阻止本领和非弹性散射平均自由程

电子和阻止媒质发生碰撞时,动能会从抛射物转移到靶原子或靶分子。假设能量转移 $T_i(i=1,2,\cdots)$ 相对于入射粒子的动能 E 非常小,并且假设 v_i 对应于能量损失为 T_i 的事件的次数,那么入射粒子穿过厚度为 Δz 的薄膜时,总的能量损失为 $\Delta E = \sum_i v_i T_i$。

根据式(3.6),类型为 i 的碰撞的平均个数由 $\langle v_i \rangle = N\Delta z \sigma_i$ 表示,其中 σ_i 为能量损失截面,则能量损失为

$$\langle \Delta E \rangle = N\Delta z \sum_i T_i \sigma_i \tag{3.8}$$

阻止本领定义为

$$\frac{\langle \Delta E \rangle}{\Delta z} = N \sum_i T_i \sigma_i \tag{3.9}$$

阻止截面 S 表示为

$$S = \sum_i T_i \sigma_i \tag{3.10}$$

因此

$$\frac{\langle \Delta E \rangle}{\Delta z} = NS \tag{3.11}$$

如果能量损失谱是连续的,则阻止截面可以表示为

$$S = \int T \frac{\mathrm{d}\sigma_{\mathrm{inel}}}{\mathrm{d}T} \mathrm{d}T \tag{3.12}$$

阻止本领定义为

$$\frac{\langle \Delta E \rangle}{\Delta z} = N \int T \frac{\mathrm{d}\sigma_{\mathrm{inel}}}{\mathrm{d}T} \mathrm{d}T \tag{3.13}$$

总的非弹性散射截面为

$$\sigma_{\mathrm{inel}} = \int \frac{\mathrm{d}\sigma_{\mathrm{inel}}}{\mathrm{d}T} \mathrm{d}T \tag{3.14}$$

式中:$\mathrm{d}\sigma_{\mathrm{inel}}/\mathrm{d}T$ 为微分非弹性散射截面。

已知总的非弹性散射截面,则非弹性散射平均自由程为

$$\lambda_{\mathrm{inel}} = \frac{1}{N\sigma_{\mathrm{inel}}} \tag{3.15}$$

3.3 射程

非弹性散射平均自由程是两次非弹性散射之间的平均距离,而最大射程是抛

射物的总路径长度。在能量歧离,即能量损失的统计波动可以被忽略的情况下,使用本章描述的简单方法可估算最大射程。事实上,在这种情况下入射粒子的能量是从靶表面计算的深度 z 的减函数,即 $E = E(z)$。由于阻止截面是入射粒子能量的函数,即 $S = S(z)$,则式(3.11)的微分形式可以假设为

$$\frac{dE}{dz} = -NS(E) \tag{3.16}$$

式中:负号"−"是考虑到入射粒子能量 $E(z)$ 是深度 z 的减函数。

采用 E_0 表示抛射物的起始能量(也叫束流初始能量),则最大射程可以由积分得到[3-4],即

$$R = \int_0^R dz = \int_{E_0}^0 dE \frac{dz}{dE} \tag{3.17}$$

则

$$R = \int_0^{E_0} \frac{dE}{NS(E)} \tag{3.18}$$

3.4 能量歧离

实际上,由于存在能量损失的统计波动,采用上述方法计算的射程会和真实的射程不同。这种现象造成的结果即能量歧离,可以通过一个类似于引入阻止截面的过程估算。

首先考虑离散的情况,能量损失 ΔE 的方差 Ω^2 或均方涨落的计算,即

$$\Omega^2 = \langle (\Delta E - \langle \Delta E \rangle)^2 \rangle \tag{3.19}$$

由于

$$\Delta E - \langle \Delta E \rangle = \sum_i (v_i - \langle v_i \rangle) T_i \tag{3.20}$$

结合散射事件的统计独立性以及泊松分布的特性,可得

$$\Omega^2 = \sum_i \langle (v_i - \langle v_i \rangle)^2 \rangle T_i^2 = \sum_i \langle v_i \rangle T_i^2 \tag{3.21}$$

因此,考虑到 $\langle v_i \rangle = N\Delta z \sigma_i$,则能量歧离可表示为

$$\Omega^2 = N\Delta z \sum_i T_i^2 \sigma_i = N\Delta z W \tag{3.22}$$

引入歧离参数

$$W = \sum_i T_i^2 \sigma_i \tag{3.23}$$

如果能量损失谱是连续的,则歧离参数可以假设为

$$W = \int T^2 \frac{d\sigma_{inel}}{dT} dT \qquad (3.24)$$

3.5 小结

本章简要介绍了电子透射固体靶的基本理论[1],讨论了散射截面、阻止本领、最大射程以及能量歧离的基本概念。有关描述入射电子与原子核、核外电子、等离激元、声子、极化子相互作用的散射截面的主要理论方法,及其具体的应用和散射机制的计算将在第4章阐述。

参考文献

[1] P. Sigmund, Particle Penetration and Radiation Effects(Springer, Berlin, 2006)
[2] M. Dapor, Electron-Beam Interactions with Solids: Application of the Monte Carlo Method to Electron Scattering Problems(Springer, Berlin, 2003)
[3] M. Dapor, Phys. Rev. B 43, 10118(1991)
[4] M. Dapor, Surf. Sci. 269/270, 753(1992)

第4章
散射机制

本章介绍与电子束和固体材料相互作用密切相关的散射(弹性、准弹性、非弹性)的主要机制。

首先描述弹性散射截面,并比较屏蔽卢瑟福公式和更为准确的 Mott 散射截面[1]。Mott 理论是基于相对论分波展开法和数值求解中心势场的狄拉克公式。当电子能量小于 10keV 时,Mott 散射截面和现有的实验数据吻合得更好。

本章还简要介绍 Fröhlich 理论[2],该理论描述了电子能量非常低且电子–声子相互作用概率非常大时所发生的准弹性散射。另外,将讨论电子–声子相互作用引起的能量损失和能量增益。可以看到,当电子的能量损失是零点几电子伏时,增加的电子能量可以被合理地忽略掉。

本章还将介绍 Bethe-Bloch 阻止本领公式[3]和半经验方法[4-5],同时说明在计算能量损失时这些模型所适用的范围。

本章还将讨论 Ritchie 介电理论[6],该理论用于精确地计算电子–等离激元相互作用引起的电子能量损失。此外,还将介绍极化子效应,它是在绝缘材料中捕获极慢速电子的一种重要机制[7]。

本章将对所介绍的非弹性散射机制的非弹性平均自由程进行讨论。最后,通过数值计算面和体等离激元损失谱来描述界面现象。

本章所呈现的这些重要理论模型的更多细节可参见附录。

4.1 弹性散射

电子–原子间的弹性散射是电子在固体材料中输运时发生角度偏转的主要原因。关于弹性散射的相关内容可参见文献[8-16]。

弹性散射不仅引起电子偏转,而且会造成非弹性散射电子的角度分布的变化,所以弹性散射也涉及电子能量损失的问题[11-12]。

由于原子核质量比电子质量大得多,弹性散射过程的能量转移非常小,通常在电子-原子核的碰撞中可以忽略。绝大多数弹性散射关注的是入射电子与远离原子核质量中心区域的静电核场的相互作用,由于距离平方反比定律以及核外电子对原子核的屏蔽,该静电场势相对较弱,许多电子发生的是小角度的弹性散射。

能量和动量守恒定律使得电子与原子核之间的能量转移较小,转移的能量取决于散射角度。尽管电子转移的能量只有 1eV 的极小部分,但在很多情况下也不能被忽略。此外,需要注意的是,尽管有以上普遍规律,但是在极少的情况下显著的能量转移也是可能发生的。事实上,尽管典型的电子能量损失比较小,并且在电子-原子核间的碰撞中无关紧要,但对于极少数的迎面碰撞的情况,即散射角度为180°,较轻元素转移的能量可以高于位移能量,也就是在某个晶格位置上置换一个原子所必需的能量。在这些情况下,可以观察到位移层错或原子迁移(溅射)[11-12,17]。

微分弹性散射截面表示单位立体角内单个电子被单个原子弹性散射的概率,可通过复散射振幅 f 模的平方计算。复散射振幅 f 是散射角 θ、入射电子能量 E_0 及靶材的(平均)原子序数 Z 函数。如果考虑到被核外电子屏蔽的库仑势,角分布可以采用一阶玻恩近似(屏蔽卢瑟福截面)计算,或者通过求解中心场的薛定谔方程(分波展开法(PWEM)),该方法尤其对低能量电子,可以给出更为精确的结果。

通常,由一阶玻恩近似得到的屏蔽卢瑟福公式中,核外电子的屏蔽作用采用 Wentzel 公式来描述[18]。Wentzel 公式中原子核势随着距原子核质量中心距离而呈现 Yukawa 指数衰减。更为精确的分波展开法要求对屏蔽作用进行更准确的描述,因此,Dirac-Hartree-Fock-Slater 方法广泛用于计算这种情况下的屏蔽原子核势。

为了更精确地计算微分弹性散射截面,并对相对论电子同样适用,进一步改进的方法是相对论分波展开法(RPWEM),该方法基于求解中心势场的狄拉克公式(其解为 Mott 截面),其中,计算弹性散射概率需要求解两个复散射振幅 f 和 g 的模的平方和[1]。在这种情况下,同样采用 Dirac-Hartree-Fock-Slater 方法来计算屏蔽原子核势。

4.1.1 Mott 散射截面与屏蔽卢瑟福散射截面

相对论分波展开法(Mott 理论)[1]计算的非极化电子束的微分弹性散射截面可表示为

$$\frac{d\sigma_{el}}{d\Omega} = \left(\frac{d\sigma_{el}}{d\Omega}\right)_{unpolarized} = |f(\theta)|^2 + |g(\theta)|^2 \qquad (4.1)$$

式中:$f(\theta)$、$g(\theta)$ 为散射振幅,分别对应入射分波振幅和自旋反转散射振幅。对于

Mott 理论的详细描述和散射振幅 $f(\theta)$ 和 $g(\theta)$ 的计算,可参见附录 B 及文献[13,16],也可参见文献[15,19-21]中的一些应用。

计算得到了微分弹性散射截面,总弹性散射截面及第一输运弹性散射截面可以使用以下公式进行计算,即

$$\sigma_{el} = \int \frac{d\sigma_{el}}{d\Omega} d\Omega \tag{4.2}$$

$$\sigma_{tr} = \int (1 - \cos\vartheta) \frac{d\sigma_{el}}{d\Omega} d\Omega \tag{4.3}$$

人们关注的是研究 Mott 理论(相当于一阶玻恩近似)在高能和低原子序数情况下的极限。基于 Wentzel 公式[18]的原子势场可以表示为

$$V(r) = -\frac{Ze^2}{r} \exp\left(-\frac{r}{a}\right) \tag{4.4}$$

式中:r 为入射电子与原子核的距离;Z 为靶材的原子序数;e 为电子电荷量;a 近似代表轨道电子对原子核的屏蔽,可以表示为

$$a = \frac{a_0}{Z^{1/3}} \tag{4.5}$$

式中:a_0 为玻尔半径。

则微分弹性散射截面(DESCS)可由一阶玻恩近似表示为一种解析的闭式解。这就是屏蔽卢瑟福散射截面,即

$$\frac{d\sigma_{el}}{d\Omega} = \frac{Z^2 e^4}{4E^2} \frac{1}{(1 - \cos\theta + \alpha)^2} \tag{4.6}$$

$$\alpha = \frac{me^4 \pi^2}{h^2} \frac{Z^{2/3}}{E} \tag{4.7}$$

式中:m 为电子质量;h 为普朗克常数。

尽管当入射电子的能量小于 10keV 且靶原子序数相对较高时,作为散射角函数的屏蔽卢瑟福公式就不能描述弹性散射的所有特征,但屏蔽卢瑟福公式仍然被广泛使用。图 4.1~图 4.4 中比较了根据 Mott 理论和卢瑟福理论计算得到的微分弹性散射截面 $d\sigma_{el}/d\Omega$。图中给出了元素铜(Cu)和金(Au)在能量 1000eV 和 3000eV 情况下的数据。从图中可以清楚地看出,随着原子序数的减小和电子入射能量的增加,卢瑟福理论更接近于 Mott 理论。实际上,卢瑟福公式可以由一阶玻恩近似的假设推导出来,玻恩近似满足下式时成立[22],即

$$E \gg \frac{e^2}{2a_0} Z^2 \tag{4.8}$$

换句话说,相对于原子势而言,电子能量越高,卢瑟福理论越准确(图 4.3)。但是,卢瑟福公式是散射角的减函数,因此可以预见它不能描述电子能量较低和原子序数较高时出现的散射特征(图 4.2)。

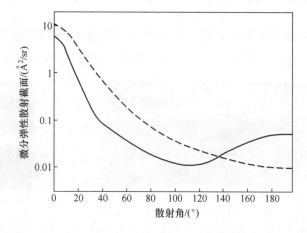

图 4.1 能量为 1000eV 的电子被 Cu 散射的微分弹性散射截面随着散射角的变化
（实线表示相对论分波展开法（Mott 理论）的计算结果，虚线表示式（4.6）的计算结果）

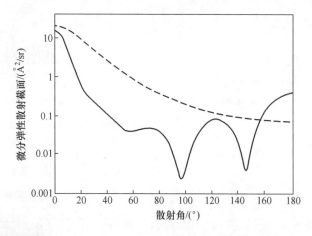

图 4.2 能量为 1000eV 的电子被 Au 散射的微分弹性散射截面随着散射角的变化
（实线表示相对论分波展开法（Mott 理论）的计算结果，虚线表示式（4.6）的计算结果）

在蒙特卡罗模拟中，当电子的初始能量大于 10keV 时，有时会使用卢瑟福散射截面来取代更精确的 Mott 散射截面，这主要是由于卢瑟福散射截面采用一种非常简单的解析方法来计算弹性散射从 0°至 θ 角度范围的累积概率 $P_{el}(\theta,E)$，以及弹性散射平均自由程 λ_{el}。这里有必要说明如何利用屏蔽卢瑟福公式的特定形式以一种完全解析的方法计算 $P_{el}(\theta,E)$ 和 λ_{el}。在一阶玻恩近似中，$P_{el}(\theta,E)$ 和 λ_{el} 分别表示为

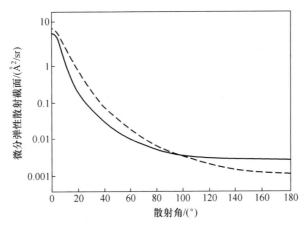

图 4.3　能量为 3000eV 的电子被 Cu 散射的微分弹性散射截面随着散射角的变化
(实线表示相对论分波展开法(Mott 理论)的计算结果,虚线表示式(4.6)的计算结果)

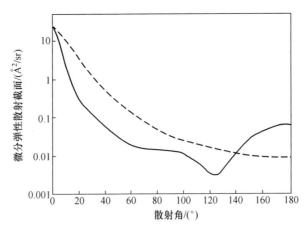

图 4.4　能量为 3000eV 的电子被 Au 散射的微分弹性散射截面随着散射角的变化
(实线表示相对论分波展开法(Mott 理论)的计算结果,虚线表示式(4.6)的计算结果)

$$P_{el}(\theta,E) = \frac{(1+\alpha/2)(1-\cos\theta)}{1+\alpha-\cos\theta} \tag{4.9}$$

$$\lambda_{el} = \frac{\alpha(2+\alpha)E^2}{N\pi e^4 Z^2} \tag{4.10}$$

式中:N 为靶材内单位体积中的原子个数。

这些公式的证明是非常简单的,实际上有

$$P_{el}(\theta,E) = \frac{e^4 Z^2}{4\sigma_{el}E^2}\int_0^\theta \frac{2\pi\sin\vartheta d\vartheta}{(1-\cos\vartheta+\alpha)^2} = \frac{\pi e^4 Z^2}{2\sigma_{el}E^2}\int_\alpha^{1-\cos\theta+\alpha}\frac{du}{u^2}$$

其中

$$\sigma_{\mathrm{el}} = \frac{e^4 Z^2}{4E^2} \int_0^\pi \frac{2\pi \sin\vartheta \, d\vartheta}{(1 - \cos\vartheta + \alpha)^2} = \frac{\pi e^4 Z^2}{2E^2} \int_\alpha^{2+\alpha} \frac{du}{u^2}$$

由于

$$\int_\alpha^{1-\cos\theta+\alpha} \frac{du}{u^2} = \frac{1 - \cos\theta}{\alpha(1 - \cos\theta + \alpha)}$$

且

$$\int_\alpha^{2+\alpha} \frac{du}{u^2} = \frac{1}{\alpha(1 + \alpha/2)}$$

由此得到式(4.9)和式(4.10)。

根据式(4.9)表述的累积概率可以计算出散射角：

$$\cos\theta = 1 - \frac{2\alpha P_{\mathrm{el}}(\theta, E)}{2 + \alpha - 2P_{\mathrm{el}}(\theta, E)} \tag{4.11}$$

由于实验数据和Mott散射截面符合得相当好(见图4.5和图4.6的比较)，最新的蒙特卡罗程序(以及本书所述的所有计算)使用Mott散射截面描述微分弹性散射截面以及通过散射角的采样计算累积概率。然而值得强调的是，如果入射电子的初始动能大于10keV，则使用式(4.6)也可以得到非常好的结果[25]。

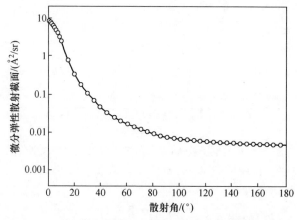

图4.5 能量为1000eV的电子被铝(Al)散射的微分弹性散射截面随着散射角的变化(实线表示原著作者利用Mott理论计算的结果[16]，圆圈表示Salvat和Mayol利用Mott理论计算的结果[23])

4.1.2 极化电子束-原子弹性散射

自旋极化现象具有巨大的技术和理论意义。目前，实验上可以产生极化集合，

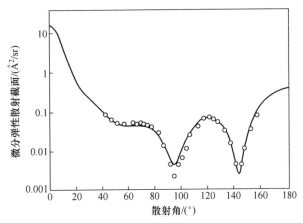

图 4.6　能量为 1100eV 的电子被 Au 散射的微分弹性散射截面随着散射角的变化
（实线表示计算结果（Mott 理论）[16]，圆圈表示 Reichert 的实验数据[24]）

因自旋极化电子束简单性、潜在的技术应用和概念方面的问题值得特别关注。电子束是一种自旋取向处于混合状态的量子系统。当电子自旋具有优先取向时,电子束就被极化了[8-9]。换句话说,极化电子束中具有两种自旋方向。一方面,热发射产生的电子的自旋方向是任意的;另一方面,在实验中可以产生两种自旋方向不同电子束。如果所有的自旋方向都相同,则该电子束被完全极化。当大多数电子的自旋方向相同时,则该电子束被部分极化。当电子束内电子在两种可能的自旋方向上均等分布时,则该电子束为非极化[8-9]。

在密度矩阵形式论中可以定义一组可观测的量[8-9],这些观测量(极化参数 S、T 和 U,取决于散射角和入射电子动能)描述了弹性散射过程,为计算自旋极化电子束的微分弹性散射截面提供了方法。事实上,对于非极化电子束,在不知道自旋极化参数 S、T 和 U 的情况下,可以确定微分弹性散射截面,而对于极化电子束,散射截面取决于 S 函数(也称为谢尔曼函数,或左右不对称函数)和电子束的极化状态。此外,还可以证明在弹性碰撞后最初未极化的电子束获得了极化(其幅度等于谢尔曼函数 S)。一般来说,对于初始极化的电子束,弹性散射碰撞后的最终极化是自旋极化参数 S、T、U 的函数。

一旦知道散射振幅,就可以计算出微分弹性散射截面为

$$\frac{d\sigma}{d\Omega} = [\,|f(\theta)|^2 + |g(\theta)|^2\,][1 + S(\theta)\boldsymbol{P}_i \cdot \hat{\boldsymbol{n}}] \tag{4.12}$$

式中

$$\hat{\boldsymbol{n}} = \frac{\boldsymbol{k}_i \times \boldsymbol{k}_f}{|\boldsymbol{k}_i \times \boldsymbol{k}_f|} \tag{4.13}$$

式中：k_i、k_f 分别为电子的初始动量和最终动量。换句话说，$\hat{n}$ 为散射面法线的单位向量。

用 s 表示自旋为 $1/2$ 的粒子的自旋算子。它的组成是 2×2 的 Pauli 矩阵除以 2。P_i 代表初始极化向量，极化矢量 P 是在自旋函数上计算 σ 的平均值：

$$P = \langle \sigma \rangle \tag{4.14}$$

$S(\theta)$ 是一个实函数，称为谢尔曼不对称函数，即

$$S(\theta) = i\frac{f(\theta)g^*(\theta) - f^*(\theta)g(\theta)}{|f(\theta)|^2 + |g(\theta)|^2} \tag{4.15}$$

由于非极化电子束是由平行和反平行给定方向（如入射方向）的同等数量的粒子组成的，因此对初始自旋方向进行平均可以得到

$$\left(\frac{d\sigma}{d\Omega}\right)_{unpolarized} = |f(\theta)|^2 + |g(\theta)|^2 \tag{4.16}$$

因此，式(4.16)可以写为

$$\frac{d\sigma}{d\Omega} = \left(\frac{d\sigma}{d\Omega}\right)_{unpolarized} + i[f(\theta)g^*(\theta) - f^*(\theta)g(\theta)]P_i \cdot \hat{n} \tag{4.17}$$

关于初始未极化电子束（$P_i = 0$）的有趣结果是，在散射之后，最终的极化 P_f 是散射角 θ 的函数，由下式给出[8-9]：

$$P_f = S(\theta)\hat{n} \tag{4.18}$$

换句话说，最初没有极化的电子束，即由平行和反平行入射方向的等量极化粒子组成，由于散射而变为极化。极化的大小是谢尔曼不对称函数（也称为极化函数），方向垂直于散射面。通常通过双散射实验[8-9]对不对称函数进行评估。假设 k_{f1} 和 k_{f2} 分别为第一次和第二次散射后的最终动量。根据两个散射面，则垂直于两个散射面的单位矢量为

$$\hat{n}_1 = \frac{k_i \times k_{f1}}{|k_i \times k_{f1}|} \tag{4.19}$$

$$\hat{n}_2 = \frac{k_{f1} \times k_{f2}}{|k_{f1} \times k_{f2}|} \tag{4.20}$$

式中：k_i 是初始动量。

如果波束初始是非极化的，那么两次散射后的微分弹性散射截面为

$$\frac{d\sigma_2}{d\Omega_2} = [|f(\theta_2)|^2 + |g(\theta_2)|^2][1 + S(\theta_1)S(\theta_2)\hat{n}_1 \cdot \hat{n}_2] \tag{4.21}$$

式中：θ_1、θ_2 分别是第一次的散射角和第二次的散射角。

因此，散射截面取决于散射角、谢尔曼函数和散射面间的角度。考虑发生在同一个平面的散射，有 $\hat{n}_1 \cdot \hat{n}_2 = \pm 1$，定义

$$\eta_{\mathrm{l}} = \left(\frac{\mathrm{d}\sigma_2}{\mathrm{d}\Omega_2}\right)_{\mathrm{left}} \tag{4.22}$$

$$\eta_{\mathrm{r}} = \left(\frac{\mathrm{d}\sigma_2}{\mathrm{d}\Omega_2}\right)_{\mathrm{right}} \tag{4.23}$$

实际上,当两次散射发生在同一个平面时,η_{l} 和 η_{r} 是第二次散射的微分弹性散射截面,分别对应于 $\hat{n}_1 \cdot \hat{n}_2 = +1$ 和 $\hat{n}_1 \cdot \hat{n}_2 = -1$,可以得到

$$\varepsilon = \frac{\eta_{\mathrm{l}} - \eta_{\mathrm{r}}}{\eta_{\mathrm{l}} + \eta_{\mathrm{r}}} = S(\theta_1)S(\theta_2) \tag{4.24}$$

因此,当 $\theta_1 = \theta_2 = \bar{\theta}$ 时,测量 ε 可以得到 $S^2(\bar{\theta})$。对于给定的 $\bar{\theta}$,一旦已知 $|S(\bar{\theta})|$,就可以进行第二次实验,改变 θ_1,保持 $\theta_2 = \bar{\theta}$ 不变。由于 $|S(\bar{\theta})|$ 在第一次实验中已知,利用式(4.24)定义 ε,就可以获得不同 θ_1 下的 $|S(\theta_1)|$。$S(\theta_1)$ 的符号可以由式(4.12)通过测量极化电子(其极化方向已知)的散射中 S 的符号确定。

需要注意的是,在初始极化不为零即 $0 \leqslant |P_i| \leqslant 1$ 的情况下,可以得到[8-9]

$$\boldsymbol{P}_{\mathrm{f}} = \frac{[\boldsymbol{P}_{\mathrm{i}} \cdot \hat{\boldsymbol{n}} + S(\theta)]\hat{\boldsymbol{n}} + T(\theta)[\boldsymbol{P}_{\mathrm{i}} - (\boldsymbol{P}_{\mathrm{i}} \cdot \hat{\boldsymbol{n}})\hat{\boldsymbol{n}}] + U(\theta)\hat{\boldsymbol{n}} \times \boldsymbol{P}_{\mathrm{i}}}{1 + \boldsymbol{P}_{\mathrm{i}} \cdot \hat{\boldsymbol{n}} S(\theta)} \tag{4.25}$$

式中

$$T(\theta) = \frac{|f(\theta)|^2 - |g(\theta)|^2}{(\mathrm{d}\sigma/\mathrm{d}\Omega)_{\mathrm{unpolarized}}} \tag{4.26}$$

$$U(\theta) = \frac{f(\theta)g^*(\theta) + f^*(\theta)g(\theta)}{(\mathrm{d}\sigma/\mathrm{d}\Omega)_{\mathrm{unpolarized}}} \tag{4.27}$$

注意,有下式成立:

$$S^2(\theta) + T^2(\theta) + U^2(\theta) = 1 \tag{4.28}$$

需要采用三重散射实验[8-9]确定 $T(\theta)$ 和 $U(\theta)$。

图 4.7 和图 4.8 分别表示了能量为 0~10eV 的电子被 Xe 原子弹性散射的 S 函数和 T 函数[26]。图 4.9 比较了 100eV 电子被 Xe 原子弹性散射的谢尔曼函数(实线)[26]和 Berger 及 Kessler 的实验数据[27](圆圈)。

4.1.3 电子-分子弹性散射

当靶材为分子而不是原子时,对于非极化电子束的情况,有

$$\frac{\mathrm{d}\sigma_{\mathrm{el}}}{\mathrm{d}\Omega} = \sum_{m,n} \exp(\mathrm{i}\boldsymbol{q} \cdot \boldsymbol{r}_{mn})[f_m(\theta)f_n^*(\theta) + g_m(\theta)g_n^*(\theta)] \tag{4.29}$$

式中:$\hbar q$ 为动量转移;$\boldsymbol{r}_{mn} = \boldsymbol{r}_m - \boldsymbol{r}_n$,$\boldsymbol{r}_m$ 为分子中第 m 个原子的位置矢量[14]。

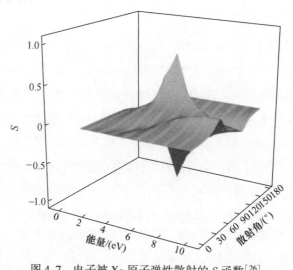

图 4.7　电子被 Xe 原子弹性散射的 S 函数[26]

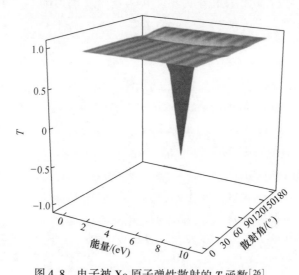

图 4.8　电子被 Xe 原子弹性散射的 T 函数[26]

如果靶分子取向随机,可以将所有的取向平均化,最终方程可以简化为[14]

$$\frac{d\sigma_{el}}{d\Omega} = \sum_{m,n} \frac{\sin q r_{mn}}{q r_{mn}} [f_m(\theta)f_n^*(\theta) + g_m(\theta)g_n^*(\theta)] \tag{4.30}$$

动量转移的模量为

$$\hbar q = 2\hbar K \sin(\theta/2) \tag{4.31}$$

式中:K 为入射波的相对波数。

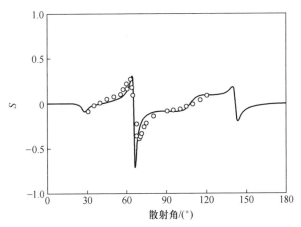

图 4.9 能量为 100eV 的电子被 Xe 原子弹性散射的谢尔曼不对称函数[26]
(圆圈代表 Berger 和 Kessler 的实验数据[27])

下面,以简单的三原子分子为例,如 H_2O,电子碰撞在随机取向的水分子上的微分弹性散射截面为:

$$\left(\frac{d\sigma_{el}}{d\Omega}\right)_{H_2O} = 2\left(\frac{d\sigma_{el}}{d\Omega}\right)_H + \left(\frac{d\sigma_{el}}{d\Omega}\right)_O + 2\frac{\sin qr_{OH}}{qr_{OH}}$$

$$[f_H(\theta)f_O^*(\theta) + f_O(\theta)f_H^*(\theta) + g_H(\theta)g_O^*(\theta) + g_O(\theta)g_H^*(\theta)] +$$

$$\frac{\sin qr_{HH}}{qr_{HH}}[|f_H(\theta)|^2 \; |g_H(\theta)|^2]$$

式中:r_{OH} 为水分子中氧原子和氢原子之间的距离,$r_{OH}=0.9584\text{Å}$;r_{HH} 为水分子中氢原子和氢原子之间的距离,$r_{HH}=1.5151\text{Å}$(图 4.10 和图 4.11)。

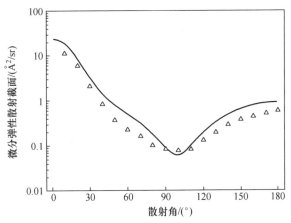

图 4.10 40eV 电子被水分子散射的微分弹性散射截面随散射角的关系
(实线表示计算结果,三角形表示 Cho 等的实验结果[28])

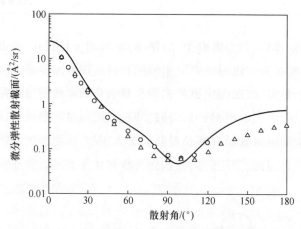

图 4.11　50eV 电子被水分子散射的微分弹性散射截面随散射角的关系(实线表示计算结果,三角形表示 Cho 等的实验结果[28],圆圈表示 Johnston 和 Newell 的实验结果[29])

4.2　准弹性散射

由于热激发,晶体结构中的原子围绕它的平衡晶格位置振动,这些振动的能量量子称为声子。电子和晶格振动光学模式的相互作用是能量损失(以及能量增益)的一种机制。电子和晶格振动之间这种少量的能量传递是准弹性散射过程引起的,这种准弹性散射称为声子激发(电子能量损失)和声子湮灭(电子能量增益)[2,30]。声子的能量小于 $k_B T_D$,其中,k_B 是玻耳兹曼常数,T_D 是德拜温度。由于 $k_B T_D$ 通常不大于 0.2eV(碳,$k_B T_D$ = 0.19eV;铜,$k_B T_D$ = 0.03eV;铁,$k_B T_D$ = 0.04eV),电子和声子相互作用引起的能量损失及能量增益通常也小于 0.2eV,因此使用传统的光谱仪一般无法分辨[11]。当电子能量较低(几电子伏时),电子能量损失的机制与发生概率小得多的电子能量增益的机制尤其相关[7]。

4.2.1　电子−声子相互作用

由声子激发引起的电子能量损失的平均自由程的倒数可写为[2,22]

$$\lambda_{\text{phonon}}^{-1} = \frac{1}{a_0} \frac{\varepsilon_0 - \varepsilon_\infty}{\varepsilon_0 \varepsilon_\infty} \frac{\hbar \omega}{E} \frac{n(T)+1}{2} \ln \left[\frac{1+\sqrt{1-\hbar\omega/E}}{1-\sqrt{1-\hbar\omega/E}} \right] \quad (4.32)$$

式中:E 为入射电子的能量;$W_{ph} = \hbar\omega$,为电子损失的能量(0.01~0.1eV 的数量级);ε_0 为静态介电常数;ε_∞ 为高频介电常数;a_0 为玻尔半径;$n(T)$ 为电子占有

数,且有

$$n(T) = \frac{1}{e^{\hbar\omega/k_BT} - 1} \quad (4.33)$$

同样,可以写出类似的公式描述电子能量增益(对应于声子湮灭),声子湮灭发生的概率要远小于声子激发的概率,因此在许多实际的应用中电子能量增益可以被合理地忽略。

关于电子-声子相互作用及Fröhlich理论[2,30]更详细的介绍可参阅附录C。

4.3 非弹性散射

本节介绍入射电子与围绕原子核的核外电子(包括内层电子和价电子)相互作用引起的非弹性散射。关于这一问题的详细介绍可参见文献[11]。

如果入射电子的能量足够高,则它可以激发内壳层电子,使其从基态跃迁至某一高于费米能级的空电子态。由于能量守恒,入射电子损失的能量等于被激发的核外电子所占据的高于费米能级的电子态与其基态的差值,同时,原子则处于电离态。随后靶原子的去激发将产生额外的能量,该能量以产生X射线光子(基于此过程产生能量色散谱(energy dispersive spectrosopy,EDS))或者发射另一个电子(基于此过程产生俄歇电子谱(auger electron spectroscopy,AES))方式释放。

外壳层电子的非弹性散射是根据以下两者择一的过程发生:第一种,一个外壳层电子激发单电子。典型的例子是带间和带内跃迁。如果以此种方式激发的核外电子可以到达表面,且其能量高于真空能级和导带能级最小值之间的势垒,则它可以从固体中逸出成为二次电子,这种跃迁需要的能量是由快入射电子提供的。去激发既可以通过发射可见光范围的电磁辐射的方式释放能量,即阴极发光现象,也可以通过无辐射跃迁过程产生热量的方式释放能量。第二种,外壳层电子被激发至价电子共振的集体振动态,表现为等离子体的共振。这个过程通常由准粒子,即等离激元的产生来描述。等离激元的能量与材料特性有关,通常为5~30eV。等离激元的衰变将产生二次电子和/或热量。

4.3.1 阻止本领:Bethe-Bloch公式

假设一个自由电子处于静止状态,距离r处,另一个电子沿着z方向运动。如果θ表示r和z之间的夹角,v表示入射电子的速度,撞击的瞬间令$t=0$,则

$$-vt = r\cos\theta \quad (4.34)$$

定义碰撞参数为

$$b = r\sin\theta \tag{4.35}$$

可以发现,b 为入射电子的轨迹距目标的距离:

$$b^2 + v^2 t^2 = r^2 \tag{4.36}$$

F 表示两个电子之间的互斥力,其中

$$F_z = \frac{e^2 \cos\theta}{r^2} \tag{4.37}$$

$$F_x = \frac{e^2 \sin\theta}{r^2} \tag{4.38}$$

p_z 和 p_x 是转移到靶电子的动量分量,有

$$\cot\theta = -\frac{vt}{b} \tag{4.39}$$

对 θ 求导数,可以得到

$$\frac{\mathrm{d}t}{\mathrm{d}\theta} = \frac{b}{v\sin^2\theta} \tag{4.40}$$

因此,有

$$\frac{1}{r^2}\frac{\mathrm{d}t}{\mathrm{d}\theta} = \frac{1}{bv} \tag{4.41}$$

p 在 x 向的分量为

$$p_x = \int_{-\infty}^{\infty} F_x \mathrm{d}t = \frac{e^2}{bv}\int_0^{\pi} \sin\theta \mathrm{d}\theta = \frac{2e^2}{bv} \tag{4.42}$$

p 在 z 向的分量为 0。静止时转移给电子的能量为

$$T = \frac{p_x^2}{2m} = \frac{e^4}{b^2 E} \tag{4.43}$$

式中:E 为入射电子的动能,$E = mv^2/2$。

体积 $2\pi b \mathrm{d}b \mathrm{d}z$ 中的电子数为 $2\pi b \mathrm{d}b \mathrm{d}z NZ$,其中 N 为靶材中单位体积内的原子数,Z 为靶原子序数。因此,入射电子在靶材中单位长度所损失的能量(阻止本领)可以由下式计算:

$$-\frac{\mathrm{d}E}{\mathrm{d}z} = NZ\int T\frac{\mathrm{d}\sigma_{\text{inel}}}{\mathrm{d}T}\mathrm{d}T$$

$$= NZ\int T 2\pi b \mathrm{d}b = \int \frac{2\pi e^4 NZ}{E}\int_{b_{\min}}^{b_{\max}}\frac{\mathrm{d}b}{b} \tag{4.44}$$

式中:$b_{\min}$、$b_{\max}$ 分别为最小碰撞参数和最大碰撞参数。有

$$\mathrm{d}\sigma_{\text{inel}} = \left|\frac{\mathrm{d}(\pi b^2)}{\mathrm{d}T}\right|\mathrm{d}T = 2\pi b \mathrm{d}b \tag{4.45}$$

原子中电子可以看作是一组频率 v_i、振幅 f_i 的振子,因此可以把式(4.44)写成

$$-\frac{\mathrm{d}E}{\mathrm{d}z} = \frac{2\pi e^4 N}{E} \sum_i f_i \int_{b_{\min}}^{b_{\max}^i} \frac{\mathrm{d}b}{b} \qquad (4.46)$$

振子振幅之和等于原子序数：

$$\sum_i f_i = Z \qquad (4.47)$$

如果 hv_i 表示第 i 个原子中电子的结合能，则最大碰撞参数的量级为

$$b_{\max}^i \sim v/v_i \qquad (4.48)$$

最小碰撞参数的量级为

$$b_{\min} \sim h/mv \qquad (4.49)$$

因此，有

$$-\frac{\mathrm{d}E}{\mathrm{d}z} = \frac{2\pi e^4 N}{E} \sum_i f_i \ln\left(\frac{kmv^2}{hv_i}\right) \qquad (4.50)$$

式中：k 为常数，其值取决于积分的确切极限。

定义平均激发能为

$$I^Z = \prod_i (hv_i)^{f_i} \qquad (4.51)$$

因此，阻止本领可以写为

$$-\frac{\mathrm{d}E}{\mathrm{d}z} = \frac{2\pi e^4 NZ}{E} \ln\left(\frac{2kE}{I}\right) \qquad (4.52)$$

散射电子与出射电子的不可区分性需要进一步考虑。考虑非弹性碰撞中出现的电子，可以按下式计算阻止本领：

$$\begin{aligned}-\frac{\mathrm{d}E}{\mathrm{d}z} &= NZ \int T \frac{\mathrm{d}\sigma_{\text{inel}}}{\mathrm{d}T} \mathrm{d}T \\ &= NZ \left[\int_{T_{\min}}^{E/2} T \frac{\mathrm{d}\sigma_{\text{inel}}}{\mathrm{d}T} \mathrm{d}T + \int_{E/2}^{E} (E-T) \frac{\mathrm{d}\sigma_{\text{inel}}}{\mathrm{d}T} \mathrm{d}T \right] \end{aligned} \qquad (4.53)$$

令

$$b^2 = \frac{e^4}{TE} \qquad (4.54)$$

则微分非弹性散射截面可以写为

$$\frac{\mathrm{d}\sigma_{\text{inel}}}{\mathrm{d}T} = \left|\pi \frac{\mathrm{d}b^2}{\mathrm{d}T}\right| = \frac{\pi e^4}{E} \frac{1}{T^2} \qquad (4.55)$$

因此，有

$$\begin{aligned}\int_{E/2}^{E} (E-T) \frac{\mathrm{d}\sigma_{\text{inel}}}{\mathrm{d}T} \mathrm{d}T &= \frac{\pi e^4}{E}[1-\ln 2] \\ &= \frac{2\pi e^4}{E} \ln\sqrt{\frac{e}{2}} = \frac{2\pi e^4}{E} \ln 1.166 \end{aligned} \qquad (4.56)$$

令 $T_{\min} = 1/2$，则有

$$\int_{T_{\min}}^{E/2} T \frac{\mathrm{d}\sigma_{\text{inel}}}{\mathrm{d}T} \mathrm{d}T = \frac{2\pi e^4}{E} \ln\left(\frac{E}{I}\right) \quad (4.57)$$

最终可得

$$-\frac{\mathrm{d}E}{\mathrm{d}z} = \frac{2\pi e^4 NZ}{E} \ln\left(\frac{1.166E}{I}\right) \quad (4.58)$$

这是包括电子交换效应的阻止本领的 Bethe-Bloch 公式[3]。注意，以原子序数 Z 为函数的平均激发势 I 的精确表格是可用的[31]。

Bethe-Bloch 公式适用于能量相对较高的情况。当电子能量大于靶原子的 K 壳层结合能时，认为它是相当准确的。当考虑相对论速度时，Bethe-Bloch 理论公式必须包含相对论修正；当 $E < I/1.166$ 时，由 Bethe-Bloch 公式预测的阻止本领则成为负值。这是对非常慢的电子应用 Bethe-Bloch 公式所导致的不实际的结果。因此，低能量的阻止本领需要其他的计算方法（参阅 4.3.3 节的介电理论方法）。

4.3.2 阻止本领：半经验公式

阻止本领还可以使用以下半经验公式描述：

$$-\frac{\mathrm{d}E}{\mathrm{d}z} = \frac{K_e N Z^{8/9}}{E^{2/3}} \quad (4.59)$$

式(4.59)是由 Kanaya 和 Okayama 在 1972 年提出的（$K_e = 360 \text{eV}^{5/3} \cdot \text{Å}^2$）[5]。下面的公式可以用解析方式估算以初始能量 E_0 为函数的最大射程 R，即

$$R = \int_{E_0}^{0} \frac{\mathrm{d}E}{\mathrm{d}E/\mathrm{d}z} = \frac{3E_0^{5/3}}{5K_e N Z^{8/9}} \propto E_0^{1.67} \quad (4.60)$$

类似地，估算电子在固体靶中最大射程的经验公式是由 Lane 和 Zaffarano[4] 在 1954 年首次提出的，并且发现它们的射程—能量实验数据（通过研究 0~40keV 能量范围的电子在塑料和金属薄膜中的透射获得）均落在下面简单公式计算结果的 15% 误差范围内，即

$$E_0 = 22.2 R^{0.6} \quad (4.61)$$

式中：E_0 为初始能量（keV）；R 为射程（mg/cm²）。

因此，Kanaya 和 Okayama 公式与 Lane 和 Zaffarano 的实验观测得到的表达式是一致的，这个表达式为

$$R \propto E_0^{1.67} \quad (4.62)$$

4.3.3 介电理论

为了获得对电子能量损失过程、阻止本领、非弹性散射平均自由程精确的描述,且即使在较低电子能量时也适用,有必要考虑全部导电电子对于电子透射固体时产生的电磁场的响应,这种响应由复介电函数描述。附录 D 描述了 Ritchie 理论[6,32],特别证明了计算阻止本领和非弹性散射平均自由程所必需的能量损失函数 $f(k,\omega)$ 是介电函数虚部的倒数:

$$f(k,\omega) = \mathrm{Im}\left[\frac{1}{\varepsilon(k,\omega)}\right] \tag{4.63}$$

式中: $\hbar k$ 为动量转移; $\hbar\omega$ 为电子能量损失。

得到了能量损失函数,可以计算非弹性散射平均自由程倒数的微分:[33]

$$\frac{\mathrm{d}\lambda_{\mathrm{inel}}^{-1}}{\mathrm{d}\hbar\omega} = \frac{1}{\pi E a_0}\int_{k_-}^{k_+}\frac{\mathrm{d}k}{k}f(k,\omega) \tag{4.64}$$

式中

$$\hbar k_{\pm} = \sqrt{2mE} \pm \sqrt{2m(E-\hbar\omega)} \tag{4.65}$$

式中: E 为电子能量; m 为电子质量; a_0 为玻尔半径。

式(4.65)给出的积分范围来自守恒定律(见 6.2.5 节)。

为了计算介电函数及能量损失函数,需要考虑电位移矢量 $\mathcal{D}$ [20-21]。令 $\mathcal{P}$ 为材料的极化强度, $\boldsymbol{\varepsilon}$ 为电场,则

$$\mathcal{P} = \chi_\varepsilon \boldsymbol{\varepsilon} \tag{4.66}$$

式中

$$\chi_\varepsilon = \frac{\varepsilon - 1}{4\pi} \tag{4.67}$$

且

$$\mathcal{D} = \boldsymbol{\varepsilon} + 4\pi\mathcal{P} = (1 + 4\pi\chi_\varepsilon)\boldsymbol{\varepsilon} = \boldsymbol{\varepsilon}\xi \tag{4.68}$$

令 n 为外壳层电子的密度,即固体内单位体积的外壳层电子数目, ξ 为由电场造成的电子位移,则

$$\mathcal{P} = en\xi \tag{4.69}$$

因此,有

$$|\boldsymbol{\varepsilon}| = \frac{4\pi en\xi}{\varepsilon - 1} \tag{4.70}$$

考虑电子弹性束缚的经典模型,弹性常数 $k_n = m\omega_n^2$ (其中, m 为电子质量, ω_n 为固有频率)表示由碰撞引起的用阻尼常数 Γ 描述的摩擦阻尼效应的作用。电位移满足[34]

$$m\ddot{\xi} + \beta\dot{\xi} + k_n\xi = e\varepsilon \tag{4.71}$$

式中:$\beta = m\varGamma$。

假设 $\xi = \xi_0\exp(\mathrm{i}\omega t)$,则直观的计算可推出

$$\varepsilon(0,\omega) = 1 - \frac{\omega_p^2}{\omega^2 - \omega_n^2 - \mathrm{i}\varGamma\omega} \tag{4.72}$$

式中:ω_p 为等离子体频率,且有

$$\omega_p^2 = \frac{4\pi n e^2}{m} \tag{4.73}$$

下面考虑自由谐振子和束缚谐振子的叠加。在这种情况下,介电函数为

$$\varepsilon(0,\omega) = 1 - \omega_p^2 \sum_n \frac{f_n}{\omega^2 - \omega_n^2 - \mathrm{i}\varGamma_n\omega} \tag{4.74}$$

式中:$\varGamma_n$ 为正摩擦阻尼系数;f_n 为以能量 $\hbar\omega_n$ 束缚的价电子的比例。

由式(4.74),可以将介电函数从光学极限(对应于 $k=0$)推广到 $k>0$ 的情况,与色散关系相关的能量为 $\hbar\omega_k$,则

$$\varepsilon(k,\omega) = 1 - \omega_p^2 \sum_n \frac{f_n}{\omega^2 - \omega_n^2 - \omega_k^2 - \mathrm{i}\varGamma_n\omega} \tag{4.75}$$

在确定色散关系时,需要考虑 Bethe 色散脊的限制。根据 Bethe 色散脊,当 $k \to \infty$ 时,$\hbar\omega_k$ 趋近于 $\hbar^2 k^2/2m$。显然,在较高的动量转移下获得该结果显而易见的方法(实际是最简单的方法)是假设[33,35]

$$\hbar\omega_k = \frac{\hbar^2 k^2}{2m} \tag{4.76}$$

另一种满足 Bethe 色散脊限制的方法是使用下式[6,32]:

$$\hbar^2\omega_k^2 = \frac{3\hbar^2 v_F^2 k^2}{5} + \frac{\hbar^4 k^4}{4m^2} = \frac{12 E_F}{5}\frac{\hbar^2 k^2}{2m} + \left(\frac{\hbar^2 k^2}{2m}\right)^2 \tag{4.77}$$

式中:v_F 为费米速度;E_F 为费米能量。

式(4.77)实际上是最普遍的色散定律,它可由三维电子气的随机相位近似法(RPA)推导,将光学数据扩展到体等离激元的有限动量转移。事实上,对于媒质 k,不能忽略式(4.77)中体等离激元的色散定律中的二次项。

当介电函数已知,则能量损失函数 $\mathrm{Im}[1/\varepsilon(k,\omega)]$ 可表示为

$$\mathrm{Im}\left[\frac{1}{\varepsilon(k,\omega)}\right] = -\frac{\varepsilon_2}{\varepsilon_1^2 + \varepsilon_2^2} \tag{4.78}$$

式中

$$\varepsilon(k,\omega) = \varepsilon_1(k,\omega) + \mathrm{i}\varepsilon_2(k,\omega) \tag{4.79}$$

计算能量损失函数可直接使用实验光学数据。图 4.12 和图 4.13 分别给出了聚甲基丙烯酸甲酯(PMMA)和二氧化硅(SiO_2)的光学能量损失函数。

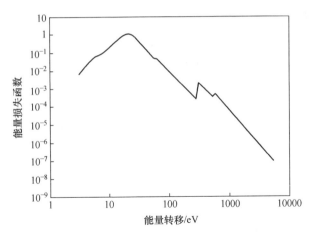

图4.12 电子在PMMA中的光学能量损失函数(能量低于72eV时使用Ritsko等[36]的光学数据。对于更高的能量,光学能量损失函数的计算使用Henke等的原子光吸收数据[37-38])

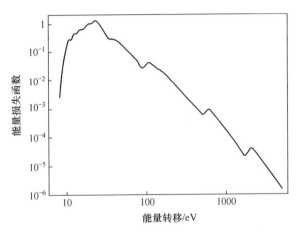

图4.13 电子在SiO_2中的光学能量损失函数(能量低于33.6eV时使用Buechner[39]的光学数据。对于更高的能量,光学能量损失函数的计算使用Henke等的原子光吸收数据[37-38])

将能量损失函数二次展开到能量和动量转移平面,可以将介电函数从光学极限扩展到$k>0$[40-42]。

Penn[40]和Ashley[41-42]通过使用光学数据及上面所讨论的介电函数将光学极限扩展到$k>0$计算了能量损失函数。电子透射到固体靶的非弹性散射平均自由程的倒数可通过下式计算[41-42]:

$$\lambda_{\text{inel}}^{-1}(E) = \frac{me^2}{2\pi\hbar^2 E}\int_0^{W_{\max}} \text{Im}\left[\frac{1}{\varepsilon(0,\omega)}\right] L\left(\frac{\omega}{E}\right)d\omega \quad (4.80)$$

式中:E为入射电子的能量;$W_{\max} = E/2$(一般用e表示电子电荷量;$\hbar$为普朗克常

数 h 除以 2π)。

根据 Ashley 的理论,在介电函数 $\varepsilon(\boldsymbol{k},\omega)$ 中,将动量转移 $\hbar\boldsymbol{k}$ 设为 0, ε 与 k 的关系通过函数 $L(\omega/E)$ 求解。Ashley[41]给出了函数 $L(x)$ 的良好近似,即

$$L(x) = (1-x)\ln\frac{4}{x} - \frac{7}{4}x + x^{3/2} - \frac{33}{32}x^2 \qquad (4.81)$$

阻止本领 $-\mathrm{d}E/\mathrm{d}z$ 可使用下面的公式计算[41]:

$$-\frac{\mathrm{d}E}{\mathrm{d}z} = \frac{me^2}{\pi\hbar^2 E}\int_0^{W_{\max}}\mathrm{Im}\left[\frac{1}{\varepsilon(0,\omega)}\right]S\left(\frac{\omega}{E}\right)\omega\mathrm{d}\omega \qquad (4.82)$$

式中

$$S(x) = \ln\frac{1.166}{x} - \frac{3}{4}x - \frac{x}{4}\ln\frac{4}{x} + \frac{1}{2}x^{3/2} - \frac{x^2}{16}\ln\frac{4}{x} - \frac{31}{48}x^2 \qquad (4.83)$$

正电子的非弹性散射平均自由程及阻止本领可以用类似的方法计算[42]:

$$(\lambda_{\mathrm{inel}}^{-1})_{\mathrm{p}} = \frac{me^2}{2\pi\hbar^2 E}\int_0^{W_{\max}}\mathrm{Im}\left[\frac{1}{\varepsilon(0,\omega)}\right]L_{\mathrm{p}}\left(\frac{\omega}{E}\right)\mathrm{d}\omega \qquad (4.84)$$

$$\left(-\frac{\mathrm{d}E}{\mathrm{d}z}\right)_{\mathrm{p}} = \frac{me^2}{2\pi\hbar^2 E}\int_0^{W_{\max}}\mathrm{Im}\left[\frac{1}{\varepsilon(0,\omega)}\right]S_{\mathrm{p}}\left(\frac{\omega}{E}\right)\omega\mathrm{d}\omega \qquad (4.85)$$

式中

$$L_{\mathrm{p}}(x) = \ln\left(\frac{1-x/2+\sqrt{1-2x}}{1-x/2-\sqrt{1-2x}}\right) \qquad (4.86)$$

$$S_{\mathrm{p}}(x) = \ln\left(\frac{1-x+\sqrt{1-2x}}{1-x-\sqrt{1-2x}}\right) \qquad (4.87)$$

图 4.14 和图 4.15 分别给出了 PMMA 及 SiO_2 中电子的阻止本领。

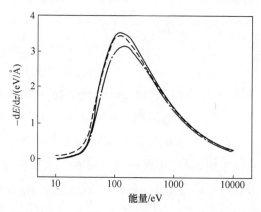

图 4.14 PMMA 中电子的阻止本领(实线为根据 Ashley 方法[41]得到的计算结果,虚线为 Ashley 的原始结果[41],点画线为 Tan 等的计算结果[43])

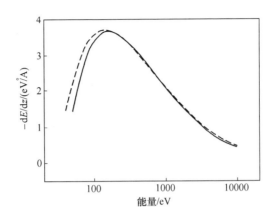

图 4.15 SiO$_2$ 中电子的阻止本领(实线为根据 Ashley 方法[41]得到的计算结果，虚线为 Ashley 和 Anderson 的数据[44])

图 4.16 和图 4.17 分别给出了 PMMA 及 SiO$_2$ 中电子的非弹性散射平均自由程。所给出的计算结果采用了上述描述过的 Ashley 理论，并且与其他作者的结果进行了比较。

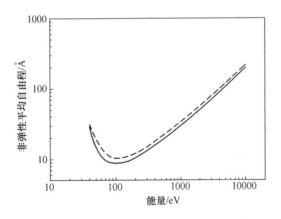

图 4.16 PMMA 中电子-电子相互作用产生的电子非弹性散射平均自由程
(实线为基于 Ashely 模型[41]的计算结果，虚线为 Ashley 的原始结果[41])

当 $\varepsilon(0,\omega)$ 已知，根据 Ashley 方法，则电子非弹性散射平均自由程倒数的微分 $d\lambda_{inel}^{-1}(\omega,E)/d\omega$ 可以用下式计算：

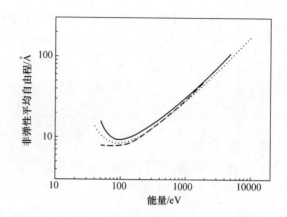

图 4.17 SiO$_2$ 中电子-电子相互作用产生的电子非弹性散射平均自由程
（实线为基于 Ashely 模型[41]的计算结果，虚线为 Ashley 和 Anderson 的数据[44]，
点线为 Tanuma、Powell 和 Penn 的计算结果[45]）

$$\frac{d\lambda_{inel}^{-1}(\omega,E)}{d\omega} = \frac{me^2}{2\pi\hbar^2 E}\mathrm{Im}\left[\frac{1}{\varepsilon(0,\omega)}\right]L\left(\frac{\omega}{E}\right) \quad (4.88)$$

4.3.4 Drude 函数之和

Ritchie 和 Howie[32]提出，将能量损失函数通过 Drude 函数的线性叠加计算：

$$\mathrm{Im}\left[\frac{1}{\varepsilon(k,\omega)}\right] = \sum_n \frac{A_n \Gamma_n \hbar\omega}{[\omega_n^2(k) - \hbar^2\omega^2]^2 + \hbar^2\omega^2\Gamma_n^2} \quad (4.89)$$

根据式(4.77)可得

$$\omega_n(k) = \hbar\omega_n(k) = \sqrt{\omega_n^2 + \frac{12E_F}{5}\frac{\hbar^2 k^2}{2m} + \left(\frac{\hbar^2 k^2}{2m}\right)^2} \quad (4.90)$$

在式(4.89)和式(4.90)中：E_F 为费米能量；ω_n、Γ_n、A_n 分别为 $k=0$ 时的激发能量、阻尼常数及谐振强度[46]。

Garcia-Molina 等[47]通过对实验光学数据的拟合获得了 5 种同素异形体碳（无定形碳、玻碳、C_{60}-富勒烯晶体、石墨、金刚石）的参数值。表 4.1 为读者提供了 Garcia-Molina 等报道的参数。图 4.18 给出了计算 5 种同素异形体碳的光学能量损失函数。

表 4.1　Garcia-Molina 等[41]拟合 5 种同素异形体碳(无定形碳、玻碳、C_{60}-富勒烯晶体、石墨、金刚石)的外部电子光学能量损失函数所选择的计算参数

靶材	n	ω_n/eV	Γ_n/eV	A_n/eV^2
无定形碳	1	6.26	5.71	9.25
	2	25.71	13.33	468.65
玻碳	1	2.31	4.22	0.96
	2	5.99	2.99	6.31
	3	19.86	6.45	77.70
	4	23.67	12.38	221.87
	5	38.09	54.42	110.99
C_{60}-富勒烯晶体	1	6.45	2.45	6.37
	2	14.97	6.26	16.52
	3	24.49	13.06	175.13
	4	28.57	12.24	141.21
	5	40.82	27.21	141.47
石墨	1	2.58	1.36	0.18
	2	6.99	1.77	7.38
	3	21.77	8.16	73.93
	4	28.03	6.80	466.69
	5	38.09	68.03	103.30
金刚石	1	22.86	2.72	22.21
	2	29.93	13.61	140.64
	3	34.77	11.43	843.85

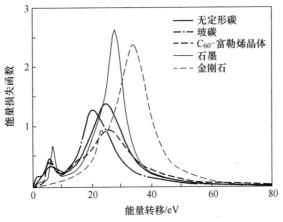

图 4.18　根据文献[32],采用 Garcia-Molina 等提供的参数[47],由 Drude 函数之和计算所得到的同素异形体碳(无定形碳、玻碳、C_{60}-富勒烯晶体、石墨、金刚石)的光学能量损失函数随激发能量的关系

在图 4.19 中，对于 5 种同素异形体碳的非弹性散射平均自由程倒数的微分可以用下式计算（式(4.63)和式(4.64)）：

$$\frac{d\lambda_{inel}^{-1}}{d\hbar\omega} = \frac{1}{\pi a_0 E} \int_{k_-}^{k_+} \frac{dk}{k} \text{Im}\left[\frac{1}{\varepsilon(k,\omega)}\right] \quad (4.91)$$

式中：k_- 和 k_+ 见由式(4.65)给出，它是入射电子能量 $E=250\text{eV}$ 时能量损失 $W=\hbar\omega$ 的函数。

通过比较代表光学能量损失函数的曲线形状，图 4.18 中表现出了峰展宽且变得更加非对称（见图右边的拖尾）。

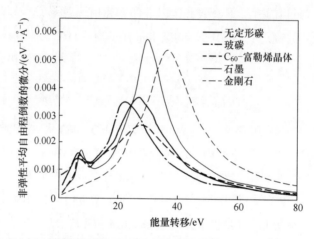

图 4.19 电子辐照在几种同素异形体碳（无定形碳、玻碳、C_{60}-富勒烯晶体、石墨、金刚石）由 Drude-Lorentz 函数计算的非弹性散射平均自由程倒数的微分与电子能量损失的函数关系（入射电子能量 $E=250\text{eV}$）

电子的非弹性散射平均自由程的倒数为

$$\lambda_{inel}^{-1} = \int_{W_{min}}^{W_{max}} \frac{d\lambda_{inel}^{-1}}{dw} dw \quad (4.92)$$

式中：导体的 $W_{min}=0$，半导体和绝缘材料的 W_{min} 为带隙能量，W_{max} 代表 $E-E_{Pauli}$ 与 $(E+W_{min})/2$ 之间的最小值。[46]

注意，对于金属，$E_{Pauli}=E_F$。Garcia-Molina 等指出某些生物材料的 $E_{Pauli}=4\text{eV}$ [48]。Garcia-Molina 等将 W_{min} 设置为外层电子激发的能隙和内层电子激发的阈值能量[48]。Emfietzoglou 等认为[53]，W_{max} 中的 1/2 因子是由于电子的不可区分性（通常认为入射电子是碰撞后能量最高的电子）。

4.3.5 Mermin 理论

计算能量损失函数更为准确的方法是采用 Mermin 函数[51]，而不是采用 Drude-Lorentz 函数之和，它被称为 Mermin 能量损失函数—广义振子强度方法（MELF-GOS 方法），由 Abril 等提出[50]。MELF-GOS 方法见附录 F。根据 Abril 等的观点[50]，Mermin 型能量损失函数的线性组合，每一个振子就可以计算任何给定材料的能量损失函数。除了使用 Mermin 函数代替 Drude-Lorenz 函数之外，该过程与前面的过程非常相似。注意，Mermin 理论中包含了色散定律，而且不需要像 Drude-Lorenz 方法那样，引入它的近似表达将能量损失函数扩展到光域之外。图 4.20 给出了入射电子能量为 50~1000eV 时，PMMA 中电子的 Mermin 非弹性散射平均自由程倒数的微分。

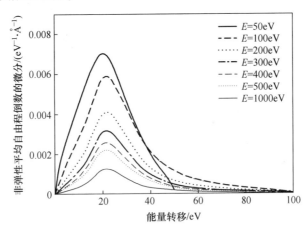

图 4.20　PMMA 中 Mermin 非弹性散射平均自由程倒数的微分随能量转移的关系
（电子动能范围为 50~1000eV[49]，基于 MELF-GOS 方法计算[50]（见附录 F））

图 4.20 所示每条曲线积分倒数为每个能量 E 下的非弹性平均自由程。

根据文献[52]采用 Tanuma、Powell 和 Penn（TPP）经验预测公式[53]计算的非弹性散射平均自由程，全部高于采用 Mermin 理论计算的相应值。对于 PMMA，基于 Mermin 理论计算结果：当 $E=100\text{eV}$ 时，IMFP = 6.3Å；当 $E=1000\text{eV}$ 时，IMFP = 27.6Å。基于 TPP 的计算结果：当 $E=100\text{eV}$ 时，IMFP = 7.9Å；当 $E=1000\text{eV}$ 时，IMFP = 33.7Å[53]。基于 Drude-Lorenz 理论方法计算的非弹性散射平均自由程也高于采用 Mermin 理论获得的值。根据 Drude-Lorenz 理论计算的 PMMA 的结果：当 $E=100\text{eV}$ 时，IMFP = 10.1Å；当 $E=1000\text{eV}$ 时，IMFP = 33.5Å[54]。尽管 TPP 经验公式和 Drude-Lorenz 理论都提供了与现有实验数据相符的结果，而 Mermin 理

论更准确,所以它更受欢迎。

4.3.6 交换效应

电子与电子相互作用中的交换效应是散射电子和出射电子的不可区分性造成的。为了考虑交换效应,非弹性平均自由程倒数的微分按下式计算:

$$\frac{d\lambda_{inel}^{-1}}{d\hbar\omega} = \frac{1}{\pi a_0 E}\int_{k_-}^{k_+}\frac{dk}{k}\left\{1 + f_{ex}(k)\text{Im}\left[\frac{1}{\varepsilon(k,\omega)}\right]\right\} \quad (4.93)$$

基于 Born-Ochkur 近似[55-57],有

$$f_{ex}(k) = \left(\frac{\hbar k}{mv}\right)^4 - \left(\frac{\hbar k}{mv}\right)^2 \quad (4.94)$$

式中:m 为电子质量;v 为电子速度。

图 4.21 给出了基于 Mermin 理论计算的 PMMA 的电子非弹性平均自由程,黑线表示采用 Born-Ochkur 近似法考虑了交换效应,灰色线表示没有考虑交换效应[57]。上述计算均是基于 MELF-GOS 方法[50]。

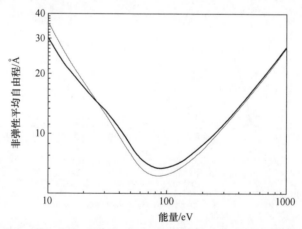

图 4.21 基于 MELF-GOS 方法计算的 PMMA 材料的 Mermin 非弹性散射平均自由程
(MELF-GOS 方法[50]见附录 F,黑色线代表有交换,灰色线代表无交换,
感谢 P. de Vera,I. Abril 和 R. Garcia-Molina 提供的数据)

Born-Ochkur 近似的前提是交换散射通过直接散射的比例计算,不需要相位因子,所有的理论都可以基于直接散射振幅。根据 Bourke 的观点[58],式(4.93)及式(4.94)均需要修正。特别是提出了一种正确实现最终激发态的相对相位。Bourke 模型改进了交换干扰的计算,提供了对该现象和散射过程更多的物理描述。

4.3.7 极化效应

绝缘材料中的低能电子运动会感应出极化场,该场对运动的电子具有稳定作用。这种现象可以描述为产生了一种极化子的准粒子。极化子具有有效质量,主要由电子(或在价带生成的空穴)和它周围的极化云构成。根据文献[7],极化子效应由该现象的非弹性散射平均自由程的倒数描述,它正比于低能电子被离子晶格捕获的概率,即

$$\lambda_{\text{pol}}^{-1} = Ce^{-\gamma E} \quad (4.95)$$

式中:C、γ 为取决于电介质材料的常数。

因此,电子能量越低,电子损失能量并产生极化子的概率越高。这种方法隐含这样的假设,一旦极化子产生,电子的剩余动能可忽略不计,电子在发生相互作用的位置被捕获并停留。这是一种相当粗略的近似,因为声子产生过程中被捕获的电子可以从一个捕获位置跃迁到另一个位置。但是,在蒙特卡罗模拟中这仍是一个足够精确的近似,因此本书在处理绝缘材料的二次电子发射时将使用这一近似。

4.4 界面现象

1. 体与表面等离激元损失

在 Drude 自由电子理论中,等离子体频率 ω_p 由式(4.73)给出,代表了一定体积内的集体激发频率,对应于固体中传播的体等离激元的能量,即

$$E_p = \hbar\omega_p \quad (4.96)$$

因此,在电子能量损失谱中可能观察到体等离激元峰,其最大能量位于能量 E_p 处。

此外,与表面等离激元激发相关的特征将出现在体样品靶反射模式的谱图中,或者薄样品或小颗粒的透射模式谱图中[59]。实际上,在表面附近由于麦克斯韦方程边界条件,表面激发模式(表面等离激元)以略低于体共振频率的共振频率产生。

对于含有自由电子的金属,表面等离激元的能量可以通过下面的方法进行简单地估算[11]。一般来说,类似于在固体内部行进的体等离激元,由于界面存在两种不同材料,以 a 和 b 表示两种材料,纵波沿着界面行进。从连续性考虑,满足[11]

$$\varepsilon_a + \varepsilon_b = 0 \quad (4.97)$$

式中:ε_a 为界面 a 侧的介电常数;ε_b 为界面 b 侧的介电常数。

考虑真空/金属界面这种特定的情况,并为了简化起见,忽略阻尼,即 $\Gamma \approx 0$。如果 a 代表真空,则

$$\varepsilon_a = 1 \quad (4.98)$$

$$\varepsilon_b \approx 1 - \frac{\omega_p^2}{\omega_s^2} \quad (4.99)$$

式中：ω_s 为沿着表面的电荷密度运动的纵波的频率。

由式(4.97)得到

$$2 - \frac{\omega_p^2}{\omega_s^2} = 0$$

因此，表面等离激元能量 $E_s = \hbar\omega_s$，即在能量损失谱中表面等离激元峰可能在以下能量位置处被找到：

$$E_s = \frac{E_p}{\sqrt{2}} \quad (4.100)$$

2. Chen 和 Kwei 理论

Chen 和 Kwei[60]采用介电理论说明从固体表面出射的电子非弹性散射平均自由程倒数的微分可以分解为两项：一项是在无限媒质中的非弹性散射平均自由程倒数的微分；另一项是界面项，它和延伸到真空—固体交界两侧的界面层相关。因此，即使电子在外部，只要电子和表面足够接近，仍然可以和固体发生非弹性相互作用。在表面附近产生的电子谱必然受到这些界面效应的影响。

Chen 和 Kwei 理论的初始版本只涉及向外的抛射物[60]。Li 等[61]将其推广到向内的抛射物，详见附录 E。

当电子接近表面时，该理论预测了向内及向外的电子非弹性平均自由程的倒数的不同趋势。尤其是，向内运动的电子的非弹性平均自由程的倒数在平均值附近，即体非弹性平均自由程的倒数附近略微摆动，这种现象可解释为电子正在穿过表面。

采用 Chen 和 Kwei 理论，对于任意给定的电子动能，可以计算出非弹性散射平均自由程的倒数与 z 的关系。图 4.22 和图 4.23 分别给出了 Al 和 Si 的非弹性散射平均自由程的倒数随电子能量和深度的函数关系(包括固体内部和外部)。Chen 和 Kwei 理论[60]及 Li 等[61]对其的推广，并用于模拟 Al 和 Si 的表面及体等离子体激元损失峰[62]。

基于实验谱图中来自电子发生单次向外的大角度弹性散射(V 形轨迹[63])的假定下，可以计算能量损失谱。在图 4.24 和图 4.25 中，给出了基于 Chen 和 Kwei 及 Li 的理论[60-61]，对 Al 和 Si 的单次 V 形轨迹模型的计算结果，并与实验数据进行了比较[62]。计算和实验的谱图均被归一化到体等离激元峰的共同高度。

3. 色散定律

由于在半无限衬底的顶部存在一个准二维平台，因此，在由式(4.77)表示的

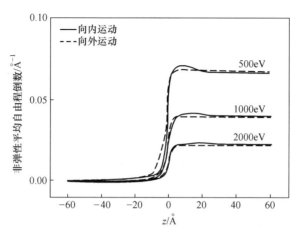

图 4.22 以 3 种动能入射或出射的电子在 Al 中的非弹性平均自由程的倒数随与表面距离（在固体中及在真空中）的变化关系

动量转移色散定律中还必须增加一项[64-65]。根据 Kyriakou 等的观点[64]，为了适当考虑表面效应，更普遍的色散定律为

$$\hbar^2\omega_k^2 = \hbar\omega_P \sqrt{\frac{6E_F}{5}\frac{\hbar^2 k^2}{2m}} + \frac{12E_F}{5}\frac{\hbar^2 k^2}{2m} + \left(\frac{\hbar^2 k^2}{2m}\right)^2 \quad (4.101)$$

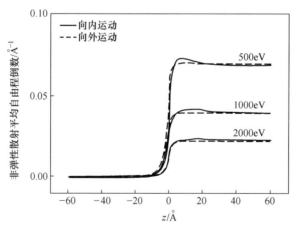

图 4.23 以 3 种动能入射或出射的电子在 Si 中的非弹性平均自由程的倒数随与表面距离（在固体中及在真空中）的变化关系

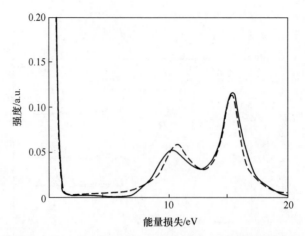

图 4.24 能量为 1000eV 的电子照射 Al 时,实验的(黑色线)和理论的(灰色线)电子能量损失谱的比较[62]（对本底进行线性减法后,将计算和实验的谱图归一化到体等离激元峰的共同高度。感谢 Lucia Calliari 和 Massimiliano Filippi 的实验数据）

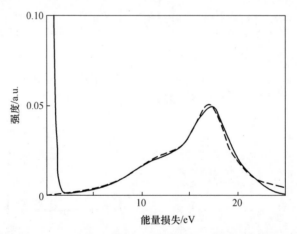

图 4.25 能量为 1000eV 的电子照射 Si 时,实验的(黑色线)和理论的(灰色线)电子能量损失谱的比较[62]（对本底进行线性减法后,将计算和实验的谱图归一化到体等离激元峰的共同高度。感谢 Lucia Calliari 和 Massimiliano Filippi 的实验数据）

4.5 小结

本章描述了弹性和非弹性散射截面,它们是蒙特卡罗模拟的主要组成部分。Mott 散射截面可用于计算弹性散射碰撞,Ritchie 介电理论可用于计算电子-

等离激元非弹性散射事件,Fröhlich 理论可用于计算电子-声子能量损失,Ganachaud 和 Mokrani 理论可用于计算极化子效应。

本章还介绍了 Chen 和 Kwei 理论及 Li 等对该理论的推广,这些理论可以处理界面现象,当电子能量小于 3keV 时,对研究反射电子能量损失谱特别重要。

参考文献

[1] N. F. Mott, Proc. R. Soc. London Ser. 124, 425(1929)

[2] H. Fröhlich, Adv. Phys. 3, 325(1954)

[3] H. A. Bethe, Ann. Phys. Leipzig 5, 325(1930)

[4] R. O. Lane, D. J. Zaffarano, Phys. Rev. 94, 960(1954)

[5] K. Kanaya, S. Okayama, J. Phys. D. Appl. Phys. 5, 43(1972)

[6] R. H. Ritchie, Phys. Rev. 106, 874(1957)

[7] J. P. Ganachaud, A. Mokrani, Surf. Sci. 334, 329(1995)

[8] J. Kessler, Polarized Electrons(Springer, Berlin, 1985)

[9] P. G. Burke, C. J. Joachain, Theory of Electron-Atom Collisions(Plenum Press, NewYork, 1995)

[10] P. Sigmund, Particle Penetration and Radiation Effects(Springer, Berlin, 2006)

[11] R. F. Egerton, Electron Energy-Loss Spectroscopy in the Electron Microscope, 3rd edn. (Springer, New York, 2011)

[12] R. F. Egerton, Rep. Prog. Phys. 72, 016502(2009)

[13] A. Jablonski, F. Salvat, C. J. Powell, J. Phys. Chem. Data 33, 409(2004)

[14] F. Salvat, A. Jablonski, C. J. Powell, Comp. Phys. Comm. 165, 157(2005)

[15] M. Dapor, J. Appl. Phys. 79, 8406(1996)

[16] M. Dapor, Electron-Beam Interactions with Solids: Application of the Monte Carlo Method to Electron Scattering Problems(Springer, Berlin, 2003)

[17] M. L. Jenkin, M. A. Kirk, Characterization of Radiation Damage by Electron Microscopy, IOP Series Microscopy in Materials Science(Institute of Physics, Bristol, 2001)

[18] G. Wentzel, Z. Phys. 40, 590(1927)

[19] S. Taioli, S. Simonucci, L. Calliari, M. Filippi, M. Dapor, Phys. Rev. B 79, 085432(2009)

[20] S. Taioli, S. Simonucci, M. Dapor, Comput. Sci. Discovery 2, 015002(2009)

[21] S. Taioli, S. Simonucci, L. Calliari, M. Dapor, Phys. Rep. 493, 237(2010)

[22] D. Bohm, Quantum Theory(Dover, New York, 1989)

[23] F. Salvat, R. Mayol, Comput. Phys. Commun. 74, 358(1993)

[24] E. Reichert, Z. Phys. 173, 392(1963)

[25] M. Dapor, Phys. Rev. B 46, 618(1992)

[26] M. Dapor, Sci. Rep. 8, 5370(2018)

[27] O. Berger, J. Kessler, J. Phys. B: Atom. Molec. Phys. 19, 3539(1986)

[28] H. Cho, Y. S. Park, H. Tanaka, S. J. Buckman, J. Phys. B: At. Mol. Opt. Phys. 37, 625(2004)
[29] W. M. Johnstone, W. R. Newell, J. Phys. B: At. Mol. Opt. Phys. 24, 3633(1991)
[30] J. Llacer, E. L. Garwin, J. Appl. Phys. 40, 2766(1969)
[31] Report 49 of the International Commission on Radiation Units and Measurements, Stopping Powers and Ranges for Protons and Alpha Particles, Bethesda, Maryland, USA(1993)
[32] R. H. Ritchie, A. Howie, Philos. Mag. 36, 463(1977)
[33] F. Yubero, S. Tougaard, Phys. Rev. B 46, 2486(1992)
[34] H. Raether, Excitation of Plasmons and Interband Transitions by Electrons (Springer, Berlin, 1982)
[35] A. Cohen-Simonsen, F. Yubero, S. Tougaard, Phys. Rev. B 56, 1612(1997)
[36] J. J. Ritsko, L. J. Brillson, R. W. Bigelow, T. J. Fabish, J. Chem. Phys. 69, 3931(1978)
[37] L. Henke, P. Lee, T. J. Tanaka, R. L. Shimabukuro, B. K. Fujikawa, At. DataNucl. DataTables27, 1 (1982)
[38] L. Henke, P. Lee, T. J. Tanaka, R. L. Shimabukuro, B. K. Fujikawa, At. DataNucl. DataTables 54, 181(1993)
[39] U. Buechner, J. Phys. C: Solid State Phys. 8, 2781(1975)
[40] D. R. Penn, Phys. Rev. B 35, 482(1987)
[41] J. C. Ashley, J. Electron Spectrosc. Relat. Phenom. 46, 199(1988)
[42] J. C. Ashley, J. Electron Spectrosc. Relat. Phenom. 50, 323(1990)
[43] Z. Tan, Y. Y. Xia, X. Liu, M. Zhao, Microelectron. Eng. 77, 285(2005)
[44] J. C. Ashley, V. E. Anderson, IEEE Trans. Nucl. Sci. NS28, 4132(1981)
[45] S. Tanuma, C. J. Powell, D. R. Penn, Surf. Interface Anal. 17, 911(1991)
[46] D. Emfietzoglou, I. Kyriakou, R. Garcia-Molina, I. Abril, J. Appl. Phys. 114, 144907(2013)
[47] R. Garcia-Molina, I. Abril, C. D. Denton, S. Heredia-Avalos, Nucl. Instrum. Methods Phys. Res. B 249, 6(2006)
[48] R. Garcia-Molina, I. Abril, I. Kyriakou, D. Emfietzoglou, Surf. Interface Anal. (2016). https://doi.org/10.1002/sia.5947
[49] M. Dapor, Front. Mater. 2, 27(2015)
[50] I. Abril, R. Garcia-Molina, C. D. Denton, F. J. Pérez-Pérez, N. R. Arista, Phys. Rev. A 58, 357 (1998)
[51] N. D. Mermin, Phys. Rev. B 1, 2362(1970)
[52] W. de la Cruz, F. Yubero, Surf. Interface Anal. 39, 460(2007)
[53] S. Tanuma, C. J. Powell, D. R. Penn, Surf. Interface Anal. 21, 165(1994)
[54] M. Dapor, Nucl. Instrum. Methods Phys. Res. B 352, 190(2015)
[55] V. I. Ochkur, Soviet Phys. J. E. T. P. 18, 503(1964)
[56] J. M. Fernández-Varea, R. Mayol, D. Liljequist, F. Salvat, J. Phys. : Condens. Matter 5, 3593 (1993)
[57] P. de Vera, I. Abril, R. Garcia-Molina, J. Appl. Phys. 109, 094901(2011)

[58] J. D. Bourke, Phys. Rev. B 100, 184311(2019)

[59] C. J. Powell, J. B. Swann, Phys. Rev. 115, 869(1959)

[60] Y. F. Chen, C. M. Kwei, Surf. Sci. 364, 131(1996)

[61] Y. C. Li, Y. H. Tu, C. M. Kwei, C. J. Tung, Surf. Sci. 589, 67(2005)

[62] M. Dapor, L. Calliari, S. Fanchenko, Surf. Interface Anal. 44, 1110(2012)

[63] A. Jablonski, C. J. Powell, Surf. Sci. 551, 106(2004)

[64] I. Kyriakou, D. Emfietzoglou, R. Garcia-Molina, I. Abril, K. Kostarelos, J. Appl. Phys. 110, 054304 (2011)

[65] M. Azzolini, O. Y. Ridzel, P. S. Kaplya, V. Afanas'ev, N. M. Pugno, S. Taioli, M. Dapor, Comp. Mat. Sci. 173, 109420(2020)

第5章
随机数

蒙特卡罗是一种统计方法,其结果的正确性取决于模拟电子轨迹的数目和模拟中使用的伪随机数发生器。本章将简要概述如何产生伪随机数,并介绍如何计算与蒙特卡罗方法特别相关的随机数分布[1]。

本章将首先关注在[0,1]范围内生成均匀分布的伪随机数的发生器,这样的随机数一旦给定,将依次给出在给定区间内产生均匀分布的伪随机数的方法,基于指数概率密度分布的伪随机数产生方法以及基于高斯概率密度分布的伪随机数产生方法[2]。

5.1 伪随机数的产生

在给定区间产生均匀分布的伪随机数的算法被视为是一种最常用的算法,该算法是由一个"种子"数提供完整的随机数序列:首先由一个种子的初始数开始;然后的随机数可以通过公式从前一个随机数计算出后面的每一个随机数。而如果知道上一个计算的随机数值,则这个序列的每一个数都是可计算的[2-3]。

假设 μ_n 是第 n 个伪随机数,则下一个随机数 μ_{n+1} 可以表示为

$$\mu_{n+1} = (a\mu_n + b) \bmod m \tag{5.1}$$

式中:a、b、m 是3个整数,用合适的方法选择三个"魔数" a、b、m 的值,则可以得到对应最大周期(等于 m)的随机数序列。采用这种方法,对每一个初始种子 μ_0,0~$m-1$ 的所有整数均在此序列内。$b \neq 0$ 时,式(5.1)即为线性同余发生器;当 $b=0$ 时,式(5.1)即为乘同余发生器[2]。

有几种方法可以确定 a、b 和 m 的值。使用统计检验的方法可用于确定 a、b 和 m 的值,以便恰当地近似均匀分布在从 0~$m-1$ 区间的整数随机数序列[2]。一种简单的方法是"最小标准"法,对应的 $a=16807, b=0, m=2^{31}-1$。

目前,在编程语言中使用的伪随机数发生器并没有显示出"最小标准"法的缺

点,因此应该优先使用。有关许多非常精确的伪随机数生成器的描述,可参见文献[2]。

5.2 伪随机数发生器的测试

一种经典且简单的测试伪随机数发生器质量及均匀性的方法是模拟 $\pi=3.14\cdots$ 在[-1,1]范围内生成大量的成对的统计随机数。如果生成的伪随机数的分布接近理想的均匀分布的随机数,那么产生的位于单位圆周内的这部分点的比例(在圆内的随机数的个数除以随机数的总个数)将接近 $\pi/4$。

5.3 基于给定概率密度的伪随机数分布

用 ξ 表示在$[a,b]$范围内按照给定概率密度 $p(s)$ 分布的随机数变量,如果 μ 为均匀分布在$[0,1]$范围内的随机数变量,那么 ξ 可用下式得到:

$$\int_a^\xi p(s)\mathrm{d}s = \mu \tag{5.2}$$

5.4 区间$[a,b]$内均匀分布的伪随机数

由在$[0,1]$范围内均匀分布的 μ 开始,可以使用式(5.2)获得均匀分布在区间$[a,b]$内的 η。分布 η 对应的概率密度为

$$p_\eta(s) = \frac{1}{b-a} \tag{5.3}$$

η 满足

$$\mu = \int_a^\eta p_\eta(s)\mathrm{d}s = \int_a^\eta \frac{\mathrm{d}s}{b-a} \tag{5.4}$$

因此得到

$$\eta = a + \mu(b-a) \tag{5.5}$$

该分布的期望值为

$$\langle \eta \rangle = \int_a^b s p_\eta(s)\mathrm{d}s = \int_a^b \frac{s}{b-a}\mathrm{d}s = \frac{a+b}{2} \tag{5.6}$$

5.5 基于指数概率密度的伪随机数分布

由在$[0,1]$范围内的均匀分布μ开始,同样可以使用式(5.2)获得指数分布。它在蒙特卡罗模拟中是一种非常重要的分布,这是因为级联散射的随机过程符合指数类型的规律。指数分布由下面的概率密度定义:

$$p_\chi(s) = \frac{1}{\lambda}\exp\left(-\frac{s}{\lambda}\right) \tag{5.7}$$

式中:λ 为常数。

定义在区间$[0,\infty)$,基于指数规律分布的随机变量χ可由下式计算:

$$\mu = \int_0^\chi \frac{1}{\lambda}\exp\left(-\frac{s}{\lambda}\right)\mathrm{d}s \tag{5.8}$$

式中:μ 为均匀分布在$[0,1]$范围内的随机数。

令

$$\chi = -\lambda\ln(1-\mu) \tag{5.9}$$

由于$1-\mu$的分布等于μ的分布,因此可得

$$\chi = -\lambda\ln\mu \tag{5.10}$$

χ 的期望值为常数λ,则

$$\langle\chi\rangle = \int_0^\infty s p_\chi(s)\mathrm{d}s = \frac{1}{\lambda}\int_0^\infty s\exp\left(-\frac{s}{\lambda}\right)\mathrm{d}s = \lambda \tag{5.11}$$

5.6 基于高斯概率密度的伪随机数分布

本节使用 Box-Muller 方法[2]计算高斯密度分布的随机数序列。用μ_1和μ_2表示在$[0,1]$区间内均匀分布的随机数序列。考虑下面的变换:

$$\gamma_1 = \sqrt{-2\ln\mu_1}\cos 2\pi\mu_2 \tag{5.12}$$

$$\gamma_2 = \sqrt{-2\ln\mu_1}\sin 2\pi\mu_2 \tag{5.13}$$

通过代数运算可以得到μ_1和μ_2,即

$$\mu_1 = \exp\left[-\frac{1}{2}(\gamma_1^2 + \gamma_2^2)\right] \tag{5.14}$$

$$\mu_2 = \frac{1}{2\pi}\arctan\frac{\gamma_2}{\gamma_1} \tag{5.15}$$

对应随机变量γ_1和γ_2的随机变量μ_1和μ_2的雅可比行列式J计算:

$$\frac{\partial\mu_1}{\partial\gamma_1} = -\gamma_1\exp\left[-\frac{1}{2}(\gamma_1^2 + \gamma_2^2)\right] \tag{5.16}$$

$$\frac{\partial \mu_1}{\partial \gamma_2} = -\gamma_2 \exp\left[-\frac{1}{2}(\gamma_1^2 + \gamma_2^2)\right] \qquad (5.17)$$

$$\frac{\partial \mu_2}{\partial \gamma_1} = -\frac{1}{2\pi}\frac{\gamma_2}{\gamma_1^2 + \gamma_2^2} \qquad (5.18)$$

$$\frac{\partial \mu_2}{\partial \gamma_2} = \frac{1}{2\pi}\frac{\gamma_1}{\gamma_1^2 + \gamma_2^2} \qquad (5.19)$$

雅可比行列式为

$$J = \frac{\partial \mu_1}{\partial \gamma_1}\frac{\partial \mu_2}{\partial \gamma_2} - \frac{\partial \mu_2}{\partial \gamma_1}\frac{\partial \mu_1}{\partial \gamma_2} = -g(\gamma_1)g(\gamma_2) \qquad (5.20)$$

式中

$$g(\gamma) = \frac{\exp[-\gamma^2/2]}{\sqrt{2\pi}} \qquad (5.21)$$

联合概率分布 $p(\gamma_1,\gamma_2)\mathrm{d}\gamma_1\mathrm{d}\gamma_2$($\gamma_1$ 和 γ_2 为随机变量)与联合概率分布 $p(\mu_1,\mu_2)\mathrm{d}\mu_1\mathrm{d}\mu_2$($\mu_1$ 和 μ_2 为随机变量)之间的关系为

$$p(\gamma_1,\gamma_2)\mathrm{d}\gamma_1\mathrm{d}\gamma_2 = p(\mu_1,\mu_2)J\mathrm{d}\mu_1\mathrm{d}\mu_2$$
$$= -p(\mu_1,\mu_2)g(\gamma_1)g(\gamma_2)\mathrm{d}\mu_1\mathrm{d}\mu_2$$

雅可比行列式是两个高斯函数的乘积,由式(5.21)给出,一个是只含有 γ_1 的函数,另一个是只含有 γ_2 的函数。因此,得到基于高斯密度分布的两个随机变量 γ_1 和 γ_2。

5.7 小结

本章阐述了在给定区间产生均匀分布的伪随机数的简单算法。由一个种子数可以获得整个序列。从一个给定的初始数开始,提供了按照一个简单规则计算伪随机数序列的算法。已知上一个计算得到的伪随机数的值,则可以计算出序列中的其他随机数。一旦得到了[0,1]范围内均匀分布的伪随机数的发生器,则可以采用特定的算法获得给定概率密度分布的伪随机数序列。本章给出了几个对蒙特卡罗输运模拟有用的示例。

参考文献

[1] M. Dapor, Surf. Sci. 600, 4728(2006).

[2] W. H. Press, S. A. Teukolsky, W. T. Vetterling, B. P. Flannery, Numerical Recipes in C. The Art of Scientific Computing, 2nd edn. (Cambridge University Press, Cambridge, 1992).

[3] S. E. Koonin, D. C. Meredith, Computational Physics(Addison-Wesley, Redwood City, 1990).

第6章
蒙特卡罗策略

在评估与电子和固体相互作用相关的物理量方面，蒙特卡罗方法是一种非常强大的理论方法，可以将蒙特卡罗模拟认为是一种理想化的实验，蒙特卡罗模拟基于相互作用的基本原理，对于这些原理良好的认知，特别是对于能量损失和角度偏转现象的认知，有助于获得良好的模拟结果。提前准确地计算出所有的散射截面和平均自由程，然后在蒙特卡罗代码中使用，通过模拟大量的单个粒子的轨迹并对其取平均，可以获得相互作用过程的宏观特征。借助计算机计算能力的最新发展，可以在非常短的时间内获得统计上的重要结果。

模拟电子在固体靶中的输运可使用两种主要的策略：第一种是连续慢化近似，假定电子在固体内行进的时候连续地损失能量，发生弹性散射时改变其方向。当透射电子束流及二次电子束流中每一个电子的不同能量损失引起的能量损失统计波动对于待模拟量不重要时，由于这种方法具有快速性而经常被使用。例如，计算背散射系数或被吸收电子的深度分布。如果研究的现象需要对沿电子路径发生的所有非弹性散射，即能量损失的统计波动准确描述，则要求使用第二种策略。第二种策略是一种恰当地考虑能量歧离的策略，它模拟沿电子轨迹所有的单次能量损失（还包括弹性散射的描述以考虑电子方向的改变）。例如，计算从固体靶表面出射的电子的能量分布即属于这种情况。

本章将简要叙述这两种策略，而具体特征和细节会放在第九章介绍。对两种策略描述采用球坐标系(r, θ, φ)，并且假设单能电子沿着z方向辐照在固体靶材上。

6.1 连续慢化近似

连续慢化近似蒙特卡罗方法，需要使用阻止本领计算沿电子轨迹的能量损失，而电子角度的偏转由Mott散射截面计算获得。

6.1.1 步长

假设多级散射的随机过程遵从指数规律,步长可表示为

$$\Delta s = -\lambda_{el} \ln \mu_1 \tag{6.1}$$

式中:μ_1 为在[0,1]范围内均匀分布的随机数;λ_{el} 为弹性散射平均自由程,可表示为

$$\lambda_{el} = \frac{1}{N\sigma_{el}} \tag{6.2}$$

其中:N 为固体内单位体积的原子个数;σ_{el} 为总的弹性散射截面,可表示为

$$\sigma_{el}(E) = \int \frac{d\sigma_{el}}{d\Omega} d\Omega = \int_0^\pi \frac{d\sigma_{el}}{d\Omega} 2\pi \sin\vartheta d\vartheta \tag{6.3}$$

6.1.2 沉积层和衬底的界面

对于表面薄膜,必须要正确考虑沉积层和衬底之间的界面。从薄膜到衬底或者从衬底到薄膜的单位长度上的散射概率是有变化的,因此需要对式(6.1)进行修正。用 p_1 和 p_2 表示两种材料单位长度上的散射概率(p_1 对应发生末次弹性散射的材料,p_2 对应另一种材料),d 为沿散射的方向从初始散射位置到界面的距离。根据 Horiguchi 等[1]及 Messina 等[2]的理论,如果 μ_1 是在[0,1]范围内均匀分布的随机数,则步长可表示为

$$\Delta s = \begin{cases} \left(\dfrac{1}{p_1}\right)[-\ln(1-\mu_1)] & 0 \leqslant \mu_1 < 1-\exp(p_1 d) \\ d + \left(\dfrac{1}{p_2}\right)[-\ln(1-\mu_1)-p_1 d] & 1-\exp(p_1 d) \leqslant \mu_1 < 1 \end{cases} \tag{6.4}$$

6.1.3 散射极角

单次弹性碰撞引起的散射极角 θ 是通过假设发生从 $0° \sim \theta$ 角范围的弹性散射概率计算的,即

$$P_{el}(\theta, E) = \frac{2\pi}{\sigma_{el}} \int_0^\theta \frac{d\sigma_{el}}{d\Omega} \sin\vartheta d\vartheta \tag{6.5}$$

该概率是均匀分布在[0,1]范围内的随机数 μ_2,可表示为

$$\mu_2 = P_{el}(\theta, E) \tag{6.6}$$

换句话说,通过对弹性散射采样可获得散射角,该散射角与一个均匀分布在

[0,1]范围内的随机数对应(图6.1)。对于任何给定的电子能量,令 $\mu_2 = P_{el}(\theta,E)$ (式(6.6)),则散射角可以通过计算式(6.5)的积分上限得到。

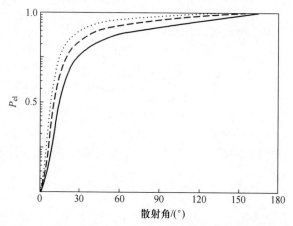

图6.1 电子在Si中弹性散射角的采样(P_{el}是0°~θ范围的弹性散射的累积概率,它是根据相对论分波展开法(Mott截面)数值计算求解中心势场的狄拉克方程得到的。实线 $E=500\text{eV}$,虚线 $E=1000\text{eV}$,点线 $E=2000\text{eV}$)

6.1.4 末次偏转后电子的方向

假设方位角 ϕ 是均匀分布在[0,2π]范围内的随机数 μ_3。θ 和 ϕ 代表碰撞前的末次方向,θ'_z 是末次散射偏转后电子相对于 z 轴的运动方向,由下式得到[3-5]

$$\cos\theta'_z = \cos\theta_z\cos\theta - \sin\theta_z\sin\theta\cos\phi \tag{6.7}$$

式中:θ_z 为碰撞前相对于 z 轴的角度。

因此,沿着 z 向的轨迹步长为

$$\Delta z = \Delta s\cos\theta'_z \tag{6.8}$$

式中:θ'_z 是对应于下一个步长的入射角 θ_z。

6.1.5 三维笛卡儿坐标系中电子的位置

为了描述三维笛卡儿坐标(x,y,z)中每次散射的电子位置,用 Δs_n 表示第 n 次散射的步长,则

$$\begin{cases} x_{n+1} = x_n + \Delta s_n\sin\theta_n\cos\phi_n \\ y_{n+1} = y_n + \Delta s_n\sin\theta_n\sin\phi_n \\ z_{n+1} = z_n + \Delta s_n\cos\theta_n \end{cases} \tag{6.9}$$

通过以下变换将目标坐标系中的角度与随电子运动的坐标系中的角度相联系[5]:

$$\begin{cases} \cos\theta_n = \cos\theta_{n-1}\cos\theta - \sin\theta_{n-1}\sin\theta\cos\phi \\ \sin(\phi_n - \phi_{n-1}) = \sin\theta\sin\phi\sin\theta_n \\ \cos(\phi_n - \phi_{n-1}) = (\cos\theta - \cos\theta_{n-1}\cos\theta_n)/(\sin\theta_{n-1}\sin\theta_n) \end{cases} \quad (6.10)$$

6.1.6 能量损失

连续慢化近似的基本思想是假定电子在固体中行进时连续地损失能量,使用阻止本领可以计算电子轨迹不同分段的能量损失。

蒙特卡罗程序中通常用下面的公式近似沿着轨迹分段 Δz 的能量损失 ΔE,即
$$\Delta E = (dE/dz)\Delta z \quad (6.11)$$
式中: $-dE/dz$ 为电子阻止本领。

采用这种方法完全忽略了能量损失的统计波动。如果需要能量损失机制的细节信息(如对出射电子的能量分布感兴趣时),则应避免使用这种蒙特卡罗策略。

6.1.7 轨迹的结束和轨迹的数目

每一个电子均会被追踪直到其能量低于一个给定值或者从靶材的表面出射。截止能量的选择取决于所研究的特定问题。例如,为了计算背散射系数,电子将被追踪直至其能量低于50eV。

需要注意的是,电子轨迹数目对于获得统计上的重要结果及提高信噪比是一个非常关键的量。在基于连续慢化近似的模拟中,本书常用的轨迹个数范围为 $10^5 \sim 10^6$,同时也取决于所研究的特定问题。

6.2 能量歧离策略

现在介绍基于能量歧离策略的蒙特卡罗方法。该策略需要了解所有能量损失机制(电子-电子互作用[6]、绝缘材料中极慢电子存在的电子-声子互作用[7]、电子-极化子互作用[8]),以及电子-原子碰撞(Mott 理论)、绝缘体中低能电子引起的电子-声子碰撞(Fröhlich 理论)所导致的电子角度偏转的详细知识。

6.2.1 步长

基于能量歧离策略的蒙特卡罗方法是一种不同于连续慢化近似策略的方法。

同样,假设这种情况下的多级散射的随机过程服从指数分布规律。步长可表示为

$$\Delta s = -\lambda \ln \mu_1 \tag{6.12}$$

式中:μ_1 同前面的情况一样,是在[0,1]范围内均匀分布的随机数;λ 不再是弹性散射平均自由程,它可表示为

$$\lambda = \frac{1}{N(\sigma_{\text{in}} + \sigma_{\text{el}})} \tag{6.13}$$

式中:σ_{el} 为总的弹性散射截面;σ_{in} 为总的非弹性散射截面。

需要注意的是,总散射截面 $\sigma_{\text{el}} + \sigma_{\text{in}}$ 包括了所有计算中涉及的与特定材料相关的散射现象。当材料为金属时,σ_{el} 是入射电子与屏蔽原子核的弹性相互作用而产生的弹性散射截面,σ_{in} 是入射电子与位于原子核周围的电子(价电子和内核电子)相互作用而产生的非弹性散射截面。当材料是绝缘体时,还必须考虑电子-极化子捕获现象和电子-声子准弹性散射截面。对于在极低能量下观察到的 Mott 弹性散射截面值过高(以及相应的弹性平均自由程过小)这一众所周知的问题,Ganachaud 和 Mokrani[8]认为,弹性散射截面必须乘以一个截止函数 $R_c(E)$,这样,当电子能量变得非常低时(此时电子-声子散射截面值变得很高),Mott 弹性散射截面将变得微不足道。

Ganachaud 和 Mokrani 提出的截止函数为

$$R_c(E) = \tanh[\alpha_c(E/E_g)] \tag{6.14}$$

式中:E 为电子能量;E_g 为带隙能量;α_c 为无量纲参数。

将 Mott 弹性散射截面与 $R_c(E)$ 相乘的作用是,当电子-声子相互作用变得重要时,可降低低能下的弹性散射效应;当能量较高时,可恢复高能量下 Mott 弹性散射截面的特性,此时电子-声子的散射截面可以忽略不计。

6.2.2 弹性和非弹性散射

非弹性散射的概率可表示为

$$p_{\text{in}} = \frac{\sigma_{\text{in}}}{\sigma_{\text{in}} + \sigma_{\text{el}}} = \frac{\lambda}{\lambda_{\text{in}}} \tag{6.15}$$

则弹性散射的概率为

$$p_{\text{el}} = 1 - p_{\text{in}} \tag{6.16}$$

在每次碰撞前,产生一个均匀分布在[0,1]范围内的随机数 μ_2,并与非弹性散射概率 p_{in} 进行比较。如果随机数 $\mu_2 \leq p_{\text{in}}$,则该散射将是非弹性的;否则,散射将是弹性的。

6.2.3 能量损失

在每一次电子-电子非弹性散射中,可以计算函数 $P_{inel}(W,E)$,该函数代表了能够提供能量损失小于或等于 $W^{[9]}$ 的电子的比例(图 6.2 给出了 1000eV 电子照射在硅上的函数 $P_{inel}(W,E)$)。能量损失 W 可以通过生成一个在 [0,1] 范围内均匀分布的随机数 μ_3 得到,令 $\mu_3 = P_{inel}(W,E)$,则

$$\mu_3 = P_{inel}(W,E) = \frac{1}{\sigma_{inel}} \int_0^W \frac{d\sigma_{inel}}{dw} dw \tag{6.17}$$

在电离的情况下,产生的二次电子能量等于入射电子损失的能量 W 减去结合能 B。激发时若满足 $W \leq B$,则入射电子损失的能量不会激发出任何的二次电子。

如果发生电子-晶格相互作用,则将伴随着声子的产生,电子损失的能量等于产生声子的能量 W_{ph}。

对于产生极化子的情况,本书中将采用下面的近似:在相互作用发生的位置电子将被捕获,电子在固体中终止轨迹。

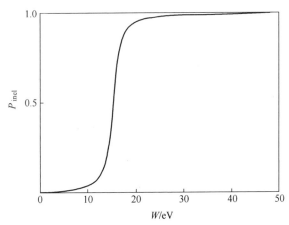

图 6.2 电子在 Si 中能量损失的采样(P_{inel} 是电子在硅中能量损失低于或等于 W 的非弹性散射的累积概率(由 Ritchie 介电理论计算得到)。这里的累积概率是能量损失 W 的函数,$E=1000eV$)

6.2.4 电子-原子碰撞散射角

对于电子-原子碰撞(Mott 理论),通过生成一个均匀分布在 [0,1] 范围内的随机数 μ_4 计算散射极角 θ,则 $0 \sim \theta$ 范围内的散射概率为

$$\mu_4 = P_{\text{el}}(\theta, E) = \frac{1}{\sigma_{\text{el}}} \int_0^\theta \frac{\mathrm{d}\sigma_{\text{el}}}{\mathrm{d}\Omega} 2\pi\sin\vartheta\,\mathrm{d}\vartheta \qquad (6.18)$$

6.2.5 电子–电子碰撞散射角

考虑两个电子之间的散射,假设其中一个电子是静止的。p、E 分别表示入射电子的初始动量和能量,p'、E' 分别表示入射电子散射后的动量和能量,$q = p - p'$ 和 $W = E - E'$ 分别表示开始时静止的电子(二次电子)在散射后的动量和能量,θ、θ_s 分别表示入射电子和二次电子的散射极角。采用经典的二体碰撞模型可以得到这些量之间有用的关系,这在实际应用中已经足够精确。由于动量和能量守恒,则有

$$\sin\theta_s = \cos\theta \qquad (6.19)$$

式中:θ 为散射极角,其取决于能量损失 $W = E - E' = \Delta E$,由下面的公式可得

$$\frac{W}{E} = \frac{\Delta E}{E} = \sin^2\theta \qquad (6.20)$$

首先证明式(6.19)。为此,必须证明两个电子中的一个在最终状态下的动量与另一个电子的动量垂直。令 p' 和 q 之间的夹角为 β,由动量守恒

$$\boldsymbol{p} = \boldsymbol{p}' + \boldsymbol{q} \qquad (6.21)$$

可以得到

$$p^2 = p'^2 + q^2 + 2p'q\cos\beta \qquad (6.22)$$

同样,由能量守恒

$$E = E' + \Delta E \qquad (6.23)$$

可以得到

$$p^2 = p'^2 + q^2 \qquad (6.24)$$

比较式(6.22)和式(6.24),可以得到所预期的结论,即

$$\beta = \frac{\pi}{2} \qquad (6.25)$$

这与式(6.19)等同。

下面介绍守恒定律对于存在电子能量损失的散射角的影响,散射角 θ 为入射电子初始动量 p 和终止动量 p' 的夹角。由

$$\boldsymbol{p} - \boldsymbol{p}' = \boldsymbol{q} \qquad (6.26)$$

可以得到

$$q^2 = p^2 + p'^2 - 2pp'\cos\theta \qquad (6.27)$$

式(6.27)有以下两个重要结论:

第一个结论:初始时静止的电子在终止状态时的动量 q 的绝对值 q 可以假设

为有限区间$[q_-,q_+]$内的值,则

$$q_{\pm} = \sqrt{2mE} \pm \sqrt{2m(E-\Delta E)} \qquad (6.28)$$

从式(6.27)中可以明显看出,$\theta=0°$对应于q_-,$\theta=\pi$对应于q_+。

第二个结论:当考虑能量守恒时,有可能获得类似式(6.20)表示的入射电子散射角和能量损失间的关系。实际上,根据式(6.24),即$q^2 = p^2 - p'^2q$,与式(6.27)的结果进行比较,可以得到

$$\cos^2\theta = \frac{p'^2}{p^2} = \frac{E'}{E} \qquad (6.29)$$

式(6.29)与式(6.20)等同,该式可以很容易从图6.3推导得到。

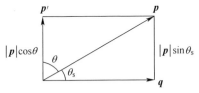

图6.3 两个电子间的碰撞

需要注意的是,也可以用介电理论计算非弹性碰撞的散射角。在介电理论的框架下,发现散射角属于区间$[0,\theta_{max}]$,有[10]

$$\theta_{max} = \sqrt{\frac{\Delta E}{E}} \qquad (6.30)$$

6.2.6 电子-声子碰撞散射角

对于电子-声子散射的情况,相应的散射极角可根据文献[11]计算,具体内容可以参见附录C。

用μ_5表示在$[0,1]$范围内均匀分布的新随机数,可以计算由下式电子-声子散射所对应的散射极角:

$$\cos\theta = \frac{E+E'}{2\sqrt{EE'}}(1-B^{\mu_5}) + B^{\mu_5} \qquad (6.31)$$

式中

$$B = \frac{E+E'+2\sqrt{EE'}}{E+E'-2\sqrt{EE'}} \qquad (6.32)$$

6.2.7 末次偏转后电子的方向

一旦计算得到了散射极角,则方位角可以通过产生一个在$[0,2\pi]$范围内均匀

分布的随机数 μ_6 获得。末次偏转后电子相对于 z 轴的运动方向 θ'_z 可由式(6.7)计算,其中,每个散射点粒子在三维笛卡儿坐标中的位置由式(6.9)和式(6.10)描述。

6.2.8 第一步

根据文献[5],电子在真空和样品之间的界面上开始的第一步没有任何散射。换句话说,能量损失和角度偏移发生在每个步长的末端。

6.2.9 透射系数

对于极慢的电子,需要考虑的是它们从固体表面出射的能力[12]。

事实上,一个电子并不总是满足从固体表面出射的条件。真空界面代表了一定势垒,并不是所有到达表面的电子都可以从表面出射。当到达表面的电子不能出射时,它们会被反射回材料内部。这个问题在研究二次电子发射时尤为重要,由于二次电子一般具有很低的能量(小于50eV),因此它们常常不满足出射条件。

当能量为 E 的慢电子到达靶材表面时,只有满足以下条件时,它才会从表面出射:

$$E\cos^2\theta = \chi \tag{6.33}$$

式中:θ 为在样品内部测量的相对表面法向的出射角;χ 为电子亲和势,即真空能级和导带底之差所代表的势垒,其值取决于所研究的材料,非掺杂硅的电子亲和势为 4.05eV[13]。

为了研究慢电子穿过势垒 χ 的透射系数,分别考虑沿 z 轴方向的两个区域,即固体内部和外部。此外,还要假设势垒 χ 位于 $z=0$ 处。

固体内部,对应于以下薛定谔方程的解,即

$$\psi_1 = A_1\exp(\mathrm{i}k_1z) + B_1\exp(-\mathrm{i}k_1z) \tag{6.34}$$

固体外部,对应于以下薛定谔方程:

$$\psi_2 = A_2\exp(\mathrm{i}k_2z) \tag{6.35}$$

在式(6.34)、式(6.35)中:A_1、B_1 和 A_2 是3个常数;k_1、k_2 分别为电子在固体和真空中的波数,可表示为

$$k_1 = \sqrt{\frac{2mE}{\hbar^2}}\cos\theta \tag{6.36}$$

$$k_2 = \sqrt{\frac{2m(E-\chi)}{\hbar^2}}\cos\vartheta \tag{6.37}$$

式中:θ 和 ϑ 分别为在固体材料内部及外部时测量得到的相对于表面法向的二次

电子的出射角。

由于需要满足连续性条件

$$\psi_1(0) = \psi_2(0) \tag{6.38}$$

$$\psi_1'(0) = \psi_2'(0) \tag{6.39}$$

有

$$A_1 + B_1 = A_2 \tag{6.40}$$

和

$$(A_1 - B_1)k_1 = A_2 k_2 \tag{6.41}$$

因此,可以计算出透射系数 T,即

$$T = 1 - \left|\frac{B_1}{A_1}\right|^2 = \frac{4k_1 k_2}{(k_1 + k_2)^2} \tag{6.42}$$

考虑到上面给出的电子波数的定义,可以得到

$$T = \frac{4\sqrt{(1 - \chi/E)\cos^2\vartheta/\cos^2\theta}}{\left[1 + \sqrt{(1 - \chi/E)\cos^2\vartheta/\cos^2\theta}\right]^2} \tag{6.43}$$

由于平行于表面方向的动量守恒,有

$$E \sin^2\theta = (E - \chi)\sin^2\vartheta \tag{6.44}$$

因此

$$\cos^2\theta = \frac{(E - \chi)\cos^2\vartheta + \chi}{E} \tag{6.45}$$

$$\cos^2\vartheta = \frac{E\cos^2\theta - \chi}{E - \chi} \tag{6.46}$$

透射系数 T 可以表示为 ϑ 的函数

$$T = \frac{4\sqrt{1 - \chi/[(E - \chi)\cos^2\vartheta + \chi]}}{\{1 + \sqrt{1 - \chi/[(E - \chi)\cos^2\vartheta + \chi]}\}^2} \tag{6.47}$$

或 θ 的函数

$$T = \frac{4\sqrt{1 - \chi/(E\cos^2\theta)}}{\left[1 + \sqrt{1 - \chi/(E\cos^2\theta)}\right]^2} \tag{6.48}$$

6.2.9.1 透射系数和蒙特卡罗方法

透射系数是蒙特卡罗方法中描述低能电子从固体表面出射的重要参量:模拟中产生一个均匀分布在[0,1]范围内的随机数 μ_7,且如果满足条件

$$\mu_7 < T \tag{6.49}$$

则电子出射并进入真空。而到达表面但不满足条件的出射电子,将被反射回样品

内而不损失能量,并且可以产生下一代二次电子。

6.2.10 与表面距离相关的非弹性散射

当入射电子能量小于 1000eV 时,为了描述在反射电子能量损失谱中可以观察到的表面等离激元损失峰,必须考虑与表面的距离(在固体及在真空)和穿过表面的角度有关的非弹性散射(图 4.22 和图 4.23)。因此,在蒙特卡罗模拟中采用之前讨论的能量损失的采样(图 6.2)不再可行。如果希望描述界面现象,电子非弹性散射的累积概率不但是能量损失 W 的函数,而且应是表面距离的函数。此外,基于文献[14-15],真空(与表面很近)也对非弹性散射有贡献,因此还需要计算真空中的累积概率[16-17]。图 6.4 给出了电子从样品内部出射的情况下,在距表面几个特定距离时,电子在 Si 中以能量损失为函数的非弹性散射累积概率。注意,当 $z \rightarrow \infty$ 时,图 6.4 中的曲线接近于图 6.2 中的"体内"曲线。

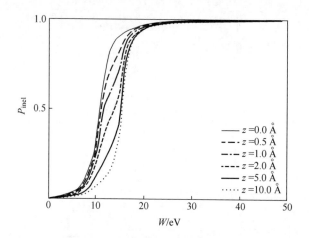

图 6.4 电子在 Si 中能量损失的采样(P_{inel} 是电子在硅中能量损失低于或等于 W 的非弹性散射的累积概率(由 Chen、Kwei 及 Li 等的理论[14-15]计算得到)。在电子从样品内部出射的情况下,在距表面几个特定距离时,电子在 Si 中的非弹性散射累积概率是能量损失的函数。对于从样品外部进入的电子、固体内部向外的电子及固体外部向外的电子也可以得到类似的曲线。$E = 1000eV$)

为了在蒙特卡罗程序中包含电子非弹性散射平均自由程与 z 相关的信息,还需要修正连续散射事件之间电子步长的采样过程。假设分布函数的形式为[18]

$$p_\chi(s) = \frac{1}{\lambda(s)} \exp\left[-\int_0^s \frac{\mathrm{d}s'}{\lambda(s')}\right] \tag{6.50}$$

可以对比式(6.50)和式(5.7),式(5.7)适用于λ与深度无关的情况。

式(6.50)很难求解,可以用下面方法计算$z^{[18]}$:第一步,输入$z=z_i$,z_i是电子目前位置的z分量。令λ_{min}表示平均自由程的最小值(粒子在真空以及材料内时的非弹性散射平均自由程,计算时还需考虑弹性散射平均自由程);第二步,需要产生两个相互独立的在[0,1]范围内均匀分布的随机数μ_8和μ_9。新的z值可由下面的公式计算,即

$$z = z_i - \cos\theta \lambda_{min} \ln\mu_8 \tag{6.51}$$

如果$\mu_9 \leq \lambda_{min}/\lambda$,则新的$z$值可以使用;否则输入$z=z_i$($z_i$是初始位置的新的$z$分量),生成两个新的随机数$\mu_8$和$\mu_9$,根据式(6.51)计算新的$z$值。

表面和体等离激元损失峰的最新理论计算和蒙特卡罗模拟结果与已有的实验数据符合得非常好[18-28]。尤其是蒙特卡罗模拟结果和实验数据,即使在绝对尺度下也符合得很好[18,26-27]。

6.2.11 轨迹结束和轨迹数目

在前面所叙述的连续慢化近似的例子中,每一个电子被追踪直至它的能量低于一个给定的阈值或者从靶材表面出射。例如,如果研究的是等离激元损失,那么电子被追踪直至它的能量小于$E_0-150\text{eV}$,因为通常所有的等离激元损失均出现在$E_0-150\text{eV} \sim E_0$的能量范围内($E_0$表示电子的初始能量,单位为eV)。如果面对的是模拟二次电子能量分布的问题,则电子需要被追踪直至它们具有非常小的能量。当然,在电子能量很低的情况下使用轨迹法是值得怀疑的。Lijequist[29]对该问题进行了讨论,他证明如果忽略短程力,那么轨迹模拟可以提供一个很好的近似,低至15eV(误差小于5%)。在单次散射条件下,短程力会产生衍射效应。如果包括多重非弹性散射,根据非弹性散射的频率,轨迹模拟被Liljequist证明是一个很好的近似,对于水中的电子,即使在低至几电子伏的能量下也是如此[30]。

轨迹数目也是一个非常重要的参数。本书使用能量歧离策略进行能谱分布的模拟,轨迹数通常为$10^7 \sim 10^9$。

6.3 小结

本章简要叙述了研究电子在固体中输运的蒙特卡罗方法。特别针对两种策略:一种是基于连续慢化近似的策略,另一种是考虑能量歧离,即能量损失的统计波动的策略,总结了这两种方法的主要特征和特点。对电子-原子、电子-电子、电子-等离激元、电子-声子、电子-极化子相互作用及其相关效应的能量损失和散射角均进行了研究。

参考文献

[1] S. Horiguchi, M. Suzuki, T. Kobayashi, H. Yoshino, Y. Sakakibara, Appl. Phys. Lett. **39**, 512(1981)

[2] G. Messina, A. Paoletti, S. Santangelo, A. Tucciarone, La Rivista del Nuovo Cimento **15**, 1 (1992)

[3] J. F. Perkins, Phys. Rev. **126**, 1781 (1962)

[4] M. Dapor, Phys. Rev. **B46**, 618 (1992)

[5] R. Shimizu, Ding Ze-Jun. Rep. Prog. Phys. **55**, 487 (1992)

[6] R. H. Ritchie, Phys. Rev. **106**, 874 (1957)

[7] H. Fröhlich, Adv. Phys. **3**, 325 (1954)

[8] J. P. Ganachaud, A. Mokrani, Surf. Sci. **334**, 329 (1995)

[9] H. Bichsel, Nucl. Instrum. Methods Phys. Res. **B52**, 136 (1990)

[10] L. Calliari, M. Dapor, G. Garberoglio, S. Fanchenko Surf, Interface Anal. **46**, 340 (2014)

[11] J. Llacer, E. L. Garwin, J. Appl. Phys. **40**, 2766 (1969)

[12] M. Dapor, Nucl. Instrum. Methods Phys. Res. **B267**, 3055 (2009)

[13] P. Kazemian, *Progress TowardsQuantitiveDopant Profiling with the Scanning Electron Microscope* (Doctorate Dissertation, University of Cambridge, 2006)

[14] Y. F. Chen, C. M. Kwei, Surf. Sci. **364**, 131 (1996)

[15] Y. C. Li, Y. H. Tu, C. M. Kwei, C. J. Tung, Surf. Sci. **589**, 67 (2005)

[16] A. Jablonski, C. J. Powell, Surf. Sci. **551**, 106 (2004)

[17] M. Dapor, L. Calliari, S. Fanchenko, Surf. Interface Anal. **44**, 1110 (2012)

[18] Z. -J. Ding, R. Shimizu, Phys. Rev. **B61**, 14128 (2000)

[19] M. Novák, Surf. Sci. **602**, 1458 (2008)

[20] M. Novák, J. Phys. D: Appl. Phys. **42**, 225306 (2009)

[21] H. Jin, H. Yoshikawa, H. Iwai, S. Tanuma, S. Tougaard, e-J. Surf. Sci. Nanotech. **7**, 199 (2009)

[22] H. Jin, H. Shinotsuka, H. Yoshikawa, H. Iwai, S. Tanuma, S. Tougaard, J. Appl. Phys. **107**,083709 (2010)

[23] I. Kyriakou, D. Emfietzoglou, R. Garcia-Molina, I. Abril, K. Kostarelos, J. Appl. Phys. **110**,054304 (2011)

[24] B. Da, S. F. Mao, Y. Sun, and Z. J. Ding, e-J. Surf. Sci. Nanotechnol. **10**, 441 (2012)

[25] B. Da, Y. Sun, S. F. Mao, Z. M. Zhang, H. Jin, H. Yoshikawa, S. Tanuma, Z. J. Ding, J. Appl. Phys. **113**, 214303 (2013)

[26] F. Salvat-Pujol, *Secondary-Electron Emission from Solids: Coincidence Experiments and Dielectric Formalism*(Doctorate Dissertation, Technischen Universität Wien, 2012)

[27] F. Salvat-Pujol, W. S. M. Werner, Surf. Interface Anal. **45**, 873 (2013)

[28] T. Tang, Z. M. Zhang, B. Da, J. B. Gong, K. Goto, Z. J. Ding, Phys. B**423**, 64 (2013)

[29] D. Liljequist, Rad. Phys. Chem **77**, 835 (2008)

[30] D. Liljequist, J. Electron. Spectrosc. Relat. Phenom. **189**, 5 (2013)

第7章
电子束与固体和薄膜互作用的基本理论

在介绍使用蒙特卡罗方法模拟电子与物质相互作用的过程之前,本章将提供一些关于电子束碰撞固体靶和薄膜的基本概念和定义。本章介绍的模型,即多重反射法,由 H. W. Schmidt[1]首次提出,而后由其他人进一步发展[2-10]。

7.1 定义、符号及属性

考虑一束电子轰击在固体靶上,如果靶厚度 s 小于最大透射范围 R,则靶材为薄膜;如果 $s>R$,则为块状靶材,此时粒子透射的比例为零,而背散射的粒子比例等于背散射系数 r①(它是靶原子序数和电子入射能量的函数)。

考虑一束电子轰击在薄膜上,即 $s \leqslant R$,在这种情况下,引入 η_A、η_B 和 η_T 3个量分别代表被吸收、背散射和透射的粒子比例,它们均在[0,1]范围内。由于粒子总数守恒②,因此对于任何给定的厚度,满足 $\eta_A + \eta_B + \eta_T = 1$。

需要注意的是,如果薄膜沉积在衬底上,那么上述的比例与相应的无支撑薄膜的比例不同,这种差异是衬底的背散射造成的。为了区分自支撑和无支撑的薄膜,分别用 ζ_A、ζ_B 和 ζ_T 表示自支撑薄膜的吸收、背散射和透射比例,每个比例 ζ 位于[0,1]的范围内。由于粒子总数守恒,满足 $\zeta_A + \zeta_B + \zeta_T = 1$。由于衬底的背散射,对于任意给定的薄膜厚度,满足 $\zeta_B > \eta_B$,$\zeta_T < \eta_T$。

比例 η 和 ζ 取决于 $\xi(s)$,与散射过程相关的比例满足以下条件③:

$$\lim_{s \to 0} \xi(s) = 0 \tag{7.1}$$

---

① 为了简化符号,使用符号 r 代替 η 表示背散射系数。
② 没有考虑二次电子的产生。
③ 满足这些条件的最简单的函数如下:

$$\xi(s) \propto \frac{s}{R-s}$$

其中比例系数取决于靶材的性质。

$$\lim_{s \to R} \xi(s) = +\infty \tag{7.2}$$

同时,有

$$\lim_{\xi \to 0} \eta_A(\xi) = 0 \tag{7.3}$$

$$\lim_{\xi \to 0} \eta_B(\xi) = 0 \tag{7.4}$$

$$\lim_{\xi \to 0} \eta_T(\xi) = 1 \tag{7.5}$$

$$\lim_{\xi \to \infty} \eta_A(\xi) = 1 - r \tag{7.6}$$

$$\lim_{\xi \to \infty} \eta_B(\xi) = r \tag{7.7}$$

$$\lim_{\xi \to \infty} \eta_T(\xi) = 0 \tag{7.8}$$

考虑一束电子轰击在厚度为 s 的给定材料 x 的膜上,该膜沉积在由材料 y(与材料 x 不同)构成的衬底上。R_x 表示在材料为 x 的体靶中的最大穿透范围,R_y 表示在材料为 y 的块状靶材中的最大穿透范围。假设衬底的厚度远大于 R_y,则该入射能量下可认为衬底为块状靶材。

最大穿透深度为 R_x 和 R_y 的组合,其值取决于膜层的厚度。当 $s \to 0$ 时,该值接近于 R_y,当 $s \to R_x$ 时,该值接近于 R_x。

用 r_x 表示材料 x 的背散射系数,用 r_y 表示 y 的背散射系数,则必须满足以下条件:

$$\lim_{\xi \to 0} \zeta_A(\xi) = 0 \tag{7.9}$$

$$\lim_{\xi \to 0} \zeta_B(\xi) = r_y \tag{7.10}$$

$$\lim_{\xi \to 0} \zeta_T(\xi) = 1 - r_y \tag{7.11}$$

$$\lim_{\xi \to \infty} \zeta_A(\xi) = 1 - r_x \tag{7.12}$$

$$\lim_{\xi \to \infty} \zeta_B(\xi) = r_x \tag{7.13}$$

$$\lim_{\xi \to \infty} \zeta_T(\xi) = 0 \tag{7.14}$$

7.2 无支撑薄膜

ξ 的增量为

$$\Delta \xi = \xi(s + \Delta s) - \xi(s) \tag{7.15}$$

下面计算厚度为 $s + \Delta s$ 的无支撑薄膜所吸收的粒子比例。它是由 ξ 吸收的比例加上通过 ξ 透射和被 $\Delta \xi$ 吸收的比例,再加上通过 ξ 透射、由 $\Delta \xi$ 背散射和被 ξ 吸收的比例,以此类推。在无限次的反射中,有

$$\eta_A[\xi(s + \Delta s)] = \eta_A(\xi + \Delta \xi)$$

$$= \eta_A(\xi) + \eta_T(\xi) \eta_B(\Delta \xi) \eta_A(\xi) \sum_{n=0}^{\infty} [\eta_B(\xi) \eta_B(\Delta \xi)]^n +$$

$$\eta_T(\xi)\eta_A(\Delta\xi)\sum_{n=0}^{\infty}[\eta_B(\xi)\eta_B(\Delta\xi)]^n$$

$$=\eta_A(\xi)+\frac{\eta_A(\xi)\eta_T(\xi)\eta_B(\Delta\xi)+\eta_T(\xi)\eta_A(\Delta\xi)}{1-\eta_B(\xi)\eta_B(\Delta\xi)} \tag{7.16}$$

采用类似的方式,可以得到

$$\eta_B(\xi+\Delta\xi)=\eta_B(\xi)+\frac{\eta_T^2(\xi)\eta_B(\Delta\xi)}{1-\eta_B(\xi)\eta_B(\Delta\xi)} \tag{7.17}$$

$$\eta_T(\xi+\Delta\xi)=\frac{\eta_T(\xi)\eta_T(\Delta\xi)}{1-\eta_B(\xi)\eta_B(\Delta\xi)} \tag{7.18}$$

当 $\xi\to\infty$ 时,则 $\eta_A(\xi)\to 1-r$, $\eta_B(\xi)\to r, \eta_T(\xi)\to 0$。因此,当 $\Delta\xi\to\infty$ 时,则有 $\eta_A(\xi+\Delta\xi)\to 1-r$, $\eta_A(\Delta\xi)\to 1-r, \eta_B(\Delta\xi)\to r$。

定义

$$\mu=\frac{1+r^2}{2r} \tag{7.19}$$

$$v=\frac{1-r^2}{2r} \tag{7.20}$$

在式(7.16)中,当 $\Delta\xi\to\infty$,则

$$\eta_T^2=\eta_B^2-2\mu\eta_B+1 \tag{7.21}$$

当 $\xi=0$ 时,计算 η_B 的导数 β:

$$\beta=\lim_{\xi\to 0}\left[\frac{\eta_B(\xi)}{\xi}\right]=\frac{d\eta_B(\xi)}{d\xi}\bigg|_{\xi=0} \tag{7.22}$$

由式(7.17)可以得到

$$\frac{\eta_B(\xi+\Delta\xi)-\eta_B(\xi)}{\Delta\xi}=\frac{\eta_B(\Delta\xi)}{\Delta\xi}\frac{\eta_T^2(\xi)}{1-\eta_B(\xi)\eta_B(\Delta\xi)} \tag{7.23}$$

因此,有

$$\frac{d\eta_B(\xi)}{d\xi}=\beta\eta_T^2(\xi)=\beta[\eta_B^2(\xi)-2\mu\eta_B(\xi)+1] \tag{7.24}$$

式(7.24)等效于

$$\frac{d\eta_B}{\eta_B-(1/r)}-\frac{d\eta_B}{\eta_B-r}=2v\beta d\xi \tag{7.25}$$

$\eta_B(0)=0$,并对式(7.25)进行积分,可得

$$\eta_B(\xi)=r\frac{1-\exp(-2v\beta\xi)}{1-r^2\exp(-2v\beta\xi)} \tag{7.26}$$

由于 $\eta_T^2=\eta_B^2-2\mu\eta_B+1$, $\eta_A=1-\eta_B-\eta_T$,可以推断

$$\eta_T(\xi) = \frac{1-r^2}{1-r^2\exp(-2v\beta\xi)}\exp(-v\beta\xi) \quad (7.27)$$

$$\eta_A(\xi) = (1-r)\frac{r\exp(-2v\beta\xi)-(1+r)\exp(-v\beta\xi)+1}{1-r^2\exp(-2v\beta\xi)} \quad (7.28)$$

式(7.26)~式(7.28)是由 H. W. Schmidt[1]推导的。

7.3 自支撑薄膜

考虑在衬底 y 上沉积自支撑的薄膜 x，ζ_A 为自支撑薄膜中吸收电子的比例，ζ_B 为背散射电子的比例，ζ_T 为通过薄膜 x 和衬底 y 交界面的透射电子的比例。为了计算 ζ_A，可以观察到被薄膜吸收的比例为 η_A，然后通过界面返回的比例为 $\eta_T r_y$，因此吸收的比例为 $\eta_T r_y \eta_A$。从对吸收比例 ζ_A 的无限次贡献的总和，可以得到

$$\begin{aligned}\zeta_A &= \eta_A + \eta_T r_y \eta_B r_y \eta_A + \cdots \\ &= \eta_A \left[1 + \eta_T r_y \sum_{n=0}^{\infty}(\eta_B r_y)^n\right] \\ &= \eta_A\left(1 + \frac{\eta_T r_y}{1-\eta_B r_y}\right)\end{aligned} \quad (7.29)$$

类似地，可以得到

$$\zeta_B = \eta_B + \eta_T^2 r_y \sum_{n=0}^{\infty}(\eta_B r_y)^n = \eta_B + \frac{\eta_T^2 r_y}{1-\eta_B r_y} \quad (7.30)$$

$$\zeta_T = \eta_T \sum_{n=0}^{\infty}(\eta_B r_y)^n - \eta_T r_y \sum_{n=0}^{\infty}(\eta_B r_y)^n = \frac{\eta_T(1-r_y)}{1-\eta_B r_y} \quad (7.31)$$

如果薄膜材料与衬底相同，则可以去除式(7.29)~式(7.31)中的下标 x 和 y，因此可以写成

$$\zeta_A = \eta_A\left(1 + \frac{\eta_T r}{1-\eta_B r}\right) \quad (7.32)$$

$$\zeta_B = \eta_B + \frac{\eta_T^2 r}{1-\eta_B r} = r \quad (7.33)$$

$$\zeta_T = \frac{\eta_T(1-r)}{1-\eta_B r} \quad (7.34)$$

将式(7.26)~式(7.28)分别相应代入式(7.32)~式(7.34)后，得到[7]

$$\zeta_A = (1-r)[1-\exp(-v\beta\xi)] \quad (7.35)$$

$$\zeta_B = r \quad (7.36)$$

$$\zeta_T = (1-r)\exp(-v\beta\xi) \tag{7.37}$$

可以看到，ζ_A 的导数给出了被捕获电子的注入剖面或深度分布[7]：

$$\frac{\mathrm{d}\zeta_A}{\mathrm{d}s} = v\beta(1-r)\exp(-v\beta\xi)\frac{\mathrm{d}\xi}{\mathrm{d}s} \tag{7.38}$$

考虑到式(7.19)对 μ 的定义，材料 x 的无支撑薄膜，η_T 和 η_B 之间的关系式(7.21)也可以写为

$$\eta_T = \sqrt{\frac{(r_x-\eta_B)(1-r_x\eta_B)}{r_x}} \tag{7.39}$$

将式(7.39)代入式(7.30)，可以得出材料 y 衬底上支撑的材料 x 薄膜的背散射粒子的比例[8-9]：

$$\zeta_B = \eta_B + (r_x - \eta_B)\frac{r_y}{r_x}\frac{1-r_x\eta_B}{1-r_y\eta_B} \tag{7.40}$$

7.4 小结

本章描述并简要讨论了 Schmidt[1] 的多重反射方法，该方法可以评估电子束轰击无支撑薄膜时电子的吸收、背散射和透射的比例，该方法同样可以推广到粒子束与自支撑薄膜相互作用的研究中[7-9]。

参考文献

[1] H. W. Schmidt, Ann. Phys. (Leipzig) **23**, 671 (1907)
[2] V. E. Cosslet, R. N. Thomas, Br. J. Appl. Phys. **15**, 883 (1964)
[3] V. E. Cosslet, R. N. Thomas, Br. J. Appl. Phys. **16**, 779 (1965)
[4] V. Lantto, J. Phys. D: Appl. Phys. **7**, 703 (1974)
[5] V. Lantto, J. Phys. D: Appl. Phys. **9**, 1647 (1976)
[6] D. Liljequist, J. Phys. D: Appl. Phys. **10**, 1363 (1977)
[7] M. Dapor, Phys. Rev. B**43**, 10118 (1991)
[8] M. Dapor, Phys. Rev. B**48**, 3003 (1993)
[9] M. Dapor, Eur. Phys. J. AP**18**, 162 (2002)
[10] M. Dapor, *Electron-Beam Interactions with Solids: Application of the Monte Carlo Method to Electron Scattering Problems* (Springer, Berlin, 2003)

第8章 背散射系数

背散射系数定义为电子辐照靶材,入射电子从表面逃逸出的电子比例。固体中通过级联过程激发原子中的电子所产生的二次电子,并不包括在背散射系数的定义中。背散射电子典型的截止能量为50eV。换句话说,在一个典型的测量背散射电子的实验中,从靶材表面逃逸的所有电子,能量高于截止能量(50eV)的为背散射电子,而逃逸出的所有电子中能量低于该经典截止能量的是二次电子。当然,能量高于该预先设定的截止能量的二次电子和能量低于该截止能量的背散射电子同样存在。如果入射电子束的初始能量较高(200~300eV),引入50eV截止能量通常是一个很好的近似,因此在本章中将采用这一近似。这一选取也非常有用,因为本章感兴趣的是蒙特卡罗模拟结果与文献中的实验数据的比较,在这些文献中广泛地使用了50eV的截止能量近似。

8.1 固体材料的背散射电子

当电子束轰击到固体靶材时,初始电子束中的一些电子发生背散射并再次从表面逃逸。背散射系数定义为从表面逃逸的入射电子束中能量高于50eV的电子比例。从实验的角度看,这一定义非常方便且实用,而且非常精确。这是因为从任何实际的用途出发,能量高于50eV的二次电子的部分是可忽略的,就像可以忽略能量低于50eV的背散射电子的部分。

块材样品的背散射系数在实验和理论上均已经开展了研究。对于能量高于5keV的情况,已有许多可用的实验和理论数据[1-2]。对于能量低于5keV的情况也开展了研究,但是在实验数据方面还很缺乏。此外,对能量接近于零的情况,几乎没有报道的数据[3-4]。

8.1.1 背散射系数的解析模型

为了采用解析的方式计算背散射系数,基于Vicanek和Urbassek方法[5],引入广角碰撞平均次数：

$$n = NR\sigma_{tr} \tag{8.1}$$

式中：R 为最大穿透范围；N 为单位体积内的靶原子数；σ_{tr} 为输运截面，且有

$$\sigma_{tr} = 2\pi \int_0^\pi (1 - \cos\vartheta) \frac{d\sigma_{el}}{d\Omega} \sin\vartheta d\vartheta \tag{8.2}$$

需要注意的是，由于固体靶内粒子的能量损失，式(8.1)只给出了电子在减速到静止前所遭受的广角碰撞次数的近似评估值[5]。

Vicanek 和 Urbassek[5] 已经证明，轻离子的背散射系数可以用广角碰撞平均次数的简单函数估算：

$$\eta = \frac{1}{\sqrt{1 + a_1 \dfrac{\mu_0}{\sqrt{n}} + a_2 \dfrac{\mu_0^2}{n} + a_3 \dfrac{\mu_0^3}{n^{3/2}} + a_4 \dfrac{\mu_0^4}{n^2}}} \tag{8.3}$$

式中：$a_1 \approx 3.39$；$a_2 \approx 8.59$；$a_3 \approx 4.16$；$a_4 \approx 135.9$；$\mu_0 = \cos\theta_0$，θ_0 为入射粒子束的极角。

Vicanek 和 Urbassek 公式已被证实与轻离子[5]、电子和正电子[6]的实验数据极为吻合。

8.1.2 蒙特卡罗模拟背散射系数

图 8.1 给出了由蒙特卡罗程序计算的电子轰击碳和铝块材样品时，背散射系数随着入射电子束能量的变化趋势。对于此处给出的模拟，采用了连续慢化近似，采用 Ashley 方法[7]（Ritchie 介电理论策略[8]）计算了阻止本领。本书中，弹性散射截面均是采用相对论分波展开法（Mott 理论）计算获得的[9]。图 8.1 同样给出了 Bishop[10]、Hnger 和 Kükler[11] 的实验数据，这些实验也证明了蒙特卡罗模拟的精确性。

对于研究的两种元素，当能量朝 250eV 降低时，背散射系数均随着入射能量下降而增加。

表 8.1、表 8.2 和表 8.3 比较了蒙特卡罗模拟数据（硅、铜和金各自的背散射系数）和已有的实验数据（源自 Joy 的数据库[13]）。蒙特卡罗模拟中，采用 Tanuma 等[12]的阻止本领（Ritchie 介电理论[8]）描述了非弹性过程，采用 Mott 理论[9]描述了弹性散射。

从这些表中，可以观察到除了金、硅和铜的背散射系数是入射能量的减函数，而金入射能量为 1000~2000eV 范围时，随着能量增加背散射系数呈现出增加的趋势。值得注意的是，在低入射能量下，背散射系数是非常有争议的[18-19]。

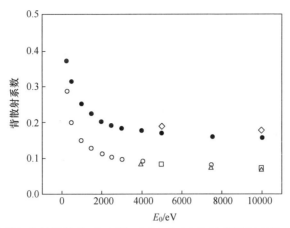

图 8.1 电子与块材样品碳(空心圆)和铝(实心圆)的背散射系数 η 随着入射电子能量 E_0 的蒙特卡罗模拟趋势(采用了 Ashley[7] 阻止本领(介电理论),方形代表碳的实验数据[10],菱形代表铝的实验数据[10]。三角形代表 Hunger 和 Kükler 给出的碳的实验数据[11])

表 8.1 硅的背散射系数与电子入射动能的关系

能量/eV	蒙特卡罗模拟结果	Bronstein 和 Fraiman 的实验数据[14]	Reimer 和 Tolkamp 的实验数据[15]
1000	0.224	0.228	0.235
2000	0.185	0.204	
3000	0.171	0.192	0.212
4000	0.169	0.189	
5000	0.162		0.206

注:采用 Mott 理论[9] 计算了弹性散射截面,采用了连续慢化理论,以及 Tanuma 等[12] 的阻止本领(介电理论)。比较了目前的蒙特卡罗模拟结果和已有的实验数据(源自 Joy 数据库[13])。

表 8.2 铜的背散射系数与电子入射动能的关系

能量/eV	蒙特卡罗模拟结果	Bronstein 和 Fraiman 的实验数据[14]	Koshikawa 和 Shimizu 的实验数据[16]	Reimer 和 Tolkamp 的实验数据[15]
1000	0.401	0.381	0.430	
2000	0.346	0.379	0.406	
3000	0.329	0.361	0.406	0.311
4000	0.317	0.340		
5000	0.314		0.398	0.311

注:采用 Mott 理论[9] 计算了弹性散射截面,采用了连续慢化理论,以及 Tanuma 等[12] 的阻止本领(介电理论)。比较了目前的蒙特卡罗模拟结果和已有的实验数据(源自 Joy 数据库[13])。

表 8.3　金的背散射系数与电子入射动能的关系

能量/eV	蒙特卡罗模拟结果	Bronstein 和 Fraiman 的实验数据[14]	Reimer 和 Tolkamp 的实验数据[15]	Böngeler 等的实验数据[17]
1000	0.441	0.419		
2000	0.456	0.450		0.373
3000	0.452	0.464	0.415	0.414
4000	0.449	0.461		0.443
5000	0.446		0.448	0.459

注：采用 Mott 理论[9]计算了弹性散射截面，采用了连续慢化理论，以及 Tanuma 等[12]的阻止本领(介电理论)。比较了目前的蒙特卡罗模拟结果和已有的实验数据(源自 Joy 数据库[13])。

8.2　半无限衬底上单沉积层的背散射电子

沉积薄膜层会影响块材样品的电子背散射系数。对于背散射系数，文献中可用的实验数据很少，有时已有数据由于缺少厚度、均匀性、表层属性信息而难以解释。特别是，目前还无法对沉淀在块材样品上的表面薄膜进行定量的处理，并且不能系统地与实验数据相比较。现有方法是预测背散射系数，该系数与平均原子序数和沉淀层的实际厚度相关[20,22-24]。

8.2.1　碳沉积层

下面研究碳沉积在铝上这种特定膜层的低能背散射系数[20]。

实验和技术创新中均需要将碳膜沉积在不同衬底(聚合物、聚酯纤维结构、聚酯纤维丝、金属合金)上。由于碳在许多领域的有用特性，因此存在许多碳膜的技术应用。在食品包装中可用碳膜沉积在聚合物衬底替代塑料上的金属镀层。碳膜也可广泛地应用于医疗器械。生物医学研究人员证明，纯碳永久性薄膜在血液/生物中表现出良好的适应性，特别是，可作为植入冠状动脉的不锈钢支架的镀层。

在研究不同薄膜厚度下背散射系数随入射能量的变化时，可以观察到，当碳薄膜在铝上的厚度超过 100Å 时，背散射系数会出现相对最小值。这一特性在图 8.2 中厚 400Å 碳薄膜和图 8.3 中厚 800Å 碳薄膜中均存在。背散射系数在达到相对最小值后，又增大到铝的背散射系数，然后又呈现出铝的典型背散射系数下降的趋势。一个有趣的特征是，当薄膜厚度增加时，相对最小值的位置向高能段移动。这是非常合理的，从某种程度上讲，对于非常薄的碳薄膜，背散射系数应该达到铝的背散射系数，而对于厚的碳薄膜，应该接近碳的背散射系数。因此，随着薄膜厚度增加,相对最小值的位置向着高能段移动,并且峰展宽。

碳薄膜沉积在铝衬底上,厚度为 100~1000Å 时,蒙特卡罗模拟的背散射系数的相对最小值 $E_{\min}(\text{eV})$ 的位置随着薄膜厚度 $t(\text{Å})$ 满足很好的线性拟合关系,$E_{\min} = mt+q$,其中,$m=(2.9\pm0.1)\text{eV}/\text{Å}$, $q=(900\pm90)\text{eV}$[21]。

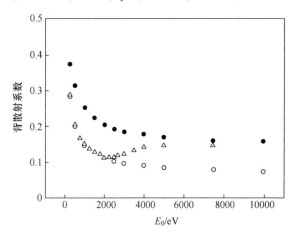

图 8.2 蒙特卡罗模拟的背散射系数与入射电子能量 E_0 的关系(三角形代表蒙特卡罗模拟的铝衬底上沉积厚度 400Å 碳薄膜的背散射系数,空心圆代表蒙特卡罗模拟的纯碳的背散射系数,实心圆代表蒙特卡罗模拟的纯铝的背散射系数。采用了 Ashley 的阻止本领(介电理论)[7])

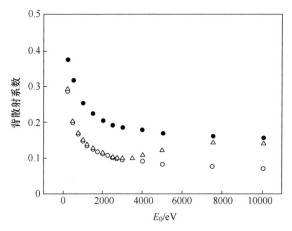

图 8.3 蒙特卡罗模拟的背散射系数与入射电子能量 E_0 的关系(三角形代表蒙特卡罗模拟的铝衬底上沉积厚度 800Å 碳薄膜的背散射系数,空心圆代表蒙特卡罗模拟的纯碳的背散射系数。实心圆代表蒙特卡罗模拟的纯铝的背散射系数。采用了 Ashley 的阻止本领(介电理论))[7])

8.2.2 金沉积层

上面描述的背散射系数的变化对于其他材料在数值计算[20-24]和实验[23-24]上也均可观察到。对于所有的情况,薄膜沉积层样品的背散射系数范围是从沉积层的背散射系数值(低入射能量下)到衬底的背散射系数值(高入射能量下)。对于金沉积在硅上的这种情况,背散射系数先达到相对最大值,然后下降到硅的背散射系数。总之,任何样品在非常薄的薄膜情况下,背散射系数应该与衬底的背散射系数相似;而对于厚的薄膜,背散射系数应与组成沉积层材料的背散射系数相似。因此,随着薄膜厚度的增加,相对最大值的位置向高能段移动(或最小值的位置,取决于沉积层和衬底的组成材料),同时峰被展宽[20-22,24]。

图 8.4 和图 8.5 给出了两组在硅上沉积金镀层样品的背散射系数的实验值和相关的蒙特卡罗模拟结果[24]。金薄膜的厚度分别为 250Å 和 500Å。数据通过除以各自的相对最大值进行了归一化。实验和蒙特卡罗方法给出了相似的结果。

与在铝上沉积碳的情况相似,蒙特卡罗模拟预测的能量最大值 E_{max} 的位置与金沉积层的厚度呈线性关系。金/硅体系中 E_{max} 与金膜层厚度的最佳线性拟合关系如图 8.6 所示,图 8.6 给出的蒙特卡罗方法对于预测沉积层厚度具有大约 20%的不确定性(从能量最大值处的统计涨落预测)[24]。

从无损的角度看,提出的方法为基于 SEM 实验的方法提供了新思路。

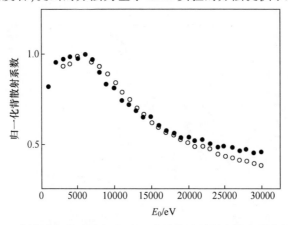

图 8.4 金薄膜沉积在硅衬底上,归一化的实验结果和提出的蒙特卡罗背散射系数与入射电子能量的关系对比[22](空心圆代表实验结果,实心圆代表蒙特卡罗模拟结果。金镀层的实际厚度为 250Å。采用 Kanaya 和 Okayama 半经验公式计算了阻止本领[23]。感谢 Michele Grivellari 提供的镀层沉积数据,感谢 Nicola Bazzanella 和 Antonio Miotello 提供的实验数据)

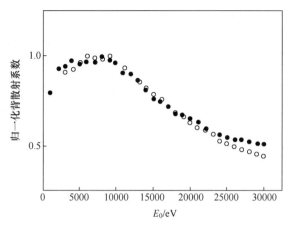

图8.5 金薄膜沉积在硅衬底上,归一化的实验结果和提出的蒙特卡罗背散射系数与入射电子能量的关系对比[22](空心圆代表实验结果,实心圆代表蒙特卡罗模拟结果。金镀层的实际厚度为500Å。采用Kanaya和Okayama半经验公式计算了阻止本领[23]。感谢Michele Grivellari提供的镀层沉积数据,感谢Nicola Bazzanella和Antonio Miotello提供的实验数据)

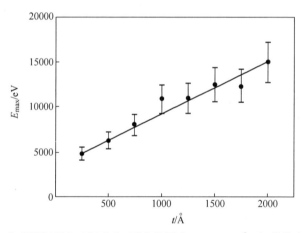

图8.6 金薄膜沉积在硅衬底上,厚度范围为250~2000Å时,蒙特卡罗模拟的E_{max}(eV)与薄膜厚度t(Å)符合很好的线性拟合关系($E_{max}=mt+q$,其中$m=5.8$eV/Å(标准误差0.4eV/Å),$q=3456$eV(标准误差373eV)[24])

8.3 半无限衬底上双沉积层的背散射电子

现在,感兴趣的是两种不同材料和厚度的镀层沉积在半无限衬底上的背散射系数的计算。特别是,对于铜/金/硅和碳/金/硅系统的背散射计算。

图 8.7 给出了蒙特卡罗模拟的铜/金/硅样品的背散射系数。蒙特卡罗模拟程序中 Si 衬底为半无限的块材样品,中间层金的厚度设定为 500Å。在 1000~25000eV 范围内,给出了最上面镀层铜在 250~1000Å 不同厚度下背散射系数 η 与入射电子能量的关系。阻止本领由介电响应理论计算。

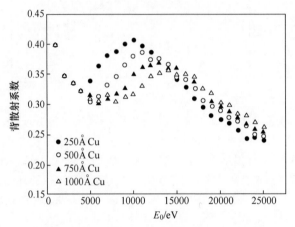

图 8.7　现有蒙特卡罗模拟的铜/金/硅样品的背散射系数 η(硅为半无限衬底,中间金镀层厚度为 500Å。图中给出了最上面的镀层铜在不同厚度下 η 与入射电子能量的关系。采用介电响应理论计算了阻止本领)

图 8.8 给出了基于 Kanaya 和 Okayama 半经验公式,在相同的条件下和相同的参数值下由蒙特卡罗程序计算的结果。

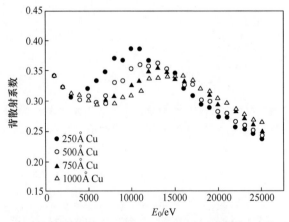

图 8.8　现有蒙特卡罗模拟的铜/金/硅样品的背散射系数 η(硅为半无限衬底,中间的金镀层厚度为 500Å。图中给出了最上面的镀层铜在不同厚度下 η 与入射电子能量的关系。采用 Kanaya 和 Okayama 半经验公式计算了阻止本领)

由两种程序获得的总体趋势在定性上符合得很好:两种程序预测曲线的整体结构均出现了一个最大值和一个最小值。此外,随着最上面的镀层铜的厚度增加,最大值和最小值均向更高的入射能量端移动。这一特性是由所选材料和厚度的特定组合决定的。

为了进一步研究且更好地理解镀层的厚度效应,图 8.9 和图 8.10 分别采用介电响应和半经验公式获得了蒙特卡罗背散射系数。计算中采用的样品最上面的镀层是 500Å 厚的铜,中间的镀层金的厚度为 250~1000Å。同样,在这种情况下,两种方法获得的总体趋势在定性上吻合得很好。与前面的模拟在特性上的趋势不同:随着中间的镀层厚度的增加,最大值的位置向高能段移动,而最小值的位置实际上没有改变。

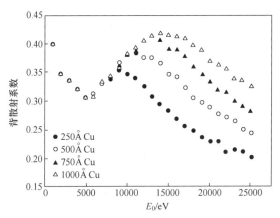

图 8.9　现有蒙特卡罗模拟的铜/金/硅样品的背散射系数 η(Si 为半无限衬底,最上面的镀层铜的厚度为 500Å。图中给出了中间的镀层金在不同厚度下 η 与入射电子能量的关系。采用介电响应理论计算了阻止本领)

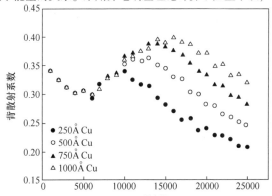

图 8.10　现有蒙特卡罗模拟的铜/金/硅样品的背散射系数 η(硅为半无限衬底,最上面镀层铜的厚度为 500Å。图中给出了中间的镀层金在不同厚度下 η 与入射电子能量的关系。采用 Kanaya 和 Okayama 半经验公式计算了阻止本领)

为了研究两种代码的一致性,图 8.11、图 8.12 和图 8.13 比较了采用两种蒙特卡罗程序计算的不同材料和厚度组合后的背散射系数。对于碳/金/硅组合,两种程序给出的结果难以区分,但是在铜/金/硅组合中在很低的能量上仍然能观察到一些差异。

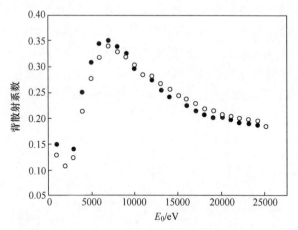

图 8.11　现有蒙特卡罗模拟的碳/金/硅样品的背散射系数 η(硅为半无限衬底,最上面的镀层碳的厚度为 500Å,中间的镀层金的厚度为 250Å。采用介电响应理论(实心圆)和 Kanaya 和 Okayama 半经验公式(空心圆)分别计算了阻止本领,并对获得的背散射系数 η 进行了比较)

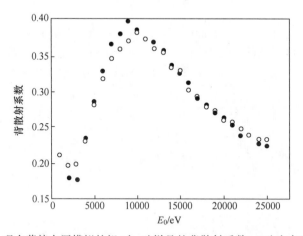

图 8.12　现有蒙特卡罗模拟的铝/金/硅样品的背散射系数 η(硅为半无限衬底,最上面的镀层铝的厚度为 500Å,中间的镀层金的厚度为 500Å。采用介电响应理论(实心圆)和 Kanaya 和 Okayama 半经验公式(空心圆)分别计算了阻止本领,并对获得的背散射系数 η 进行了比较)

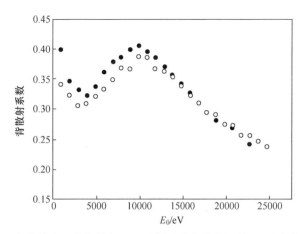

图 8.13　现有蒙特卡罗模拟的铜/金/硅样品的背散射系数 η（硅为半无限衬底，最上面的镀层铜的厚度为 250Å，中间的镀层金的厚度为 500Å。采用介电响应理论（实心圆）和 Kanaya 和 Okayama 半经验公式（空心圆）分别计算了阻止本领，并对获得的背散射系数 η 进行了比较）

8.4　电子与正电子背散射系数和深度分布的比较

本章的最后对蒙特卡罗模拟的电子和正电子的背散射系数和深度分布进行了比较。以 SiO_2 中电子和正电子的透射情况研究作为示例，所给出的结果采用了 Ashley 理论计算了阻止本领，采用了 Mott 截面计算了微分弹性散射截面[26]。

低能电子和正电子的非弹性和弹性散射截面的区别在第 4 章、附录 B 进行了讨论，结果如图 8.14 所示。即使对于所测的最高能量（10keV），电子和正电子的深度分布也是有差异的，这是由于每种粒子在固体中行进时能量会减小并达到很小的值，该值取决于电子和正电子的散射截面和阻止本领的显著差异。

用 $R(E_0)$ 表示给定能量 E_0 对应的最大透射范围，R 可以很容易地从图 8.14 的曲线中确定。在给定的入射能量范围，从已有的深度分布可以很清楚地看到，对于电子和正电子 SiO_2 的最大透射范围近似相同。

对每一个入射能量 E_0，对函数 $P(z)$ 从 $z=0$ 到 $z=R$ 的积分给出了吸收系数 $1-\eta(E_0)$，其中 $\eta(E_0)$ 为背散射系数。随着入射能量的增加，电子和正电子的深度分布的差异越来越小。虽然，电子和正电子的最大范围基本相似，但是背散射系数的趋势差别却很大（图 8.15）。正电子的背散射系数并不依赖于入射能量，且总是比电子的背散射系数小。相反地，电子的背散射系数是入射能量的减函数。

图 8.16 给出了用蒙特卡罗方法获得的二氧化硅中 3～10 keV 电子和正电子重新标定的深度分布 $z_m P(z)$。Aers[27] 提出了下式以适应重新标定后的深度分布：

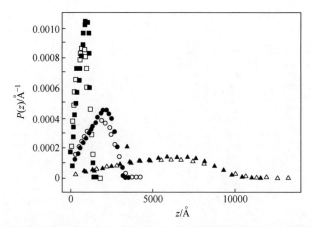

图 8.14 二氧化硅中电子(空心)和正电子(实心)的深度分布 $P(z)$ 随着表面到固体内部的深度信息 z 的蒙特卡罗模拟结果(E_0 是粒子的入射能量。3keV(正方形),5keV(圆形),10keV(三角形))

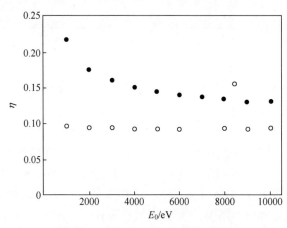

图 8.15 蒙特卡罗模拟的二氧化硅中电子(实心圆)和正电子(空心圆)的背散射系数 η 与入射能量 E_0 的关系

$$z_m P(z) = N \left[\frac{z/z_m}{C} \right]^l \exp\left[-\left(\frac{z/z_m}{C} \right)^m \right] \quad (8.4)$$

式中:z_m 为平均范围,定义为

$$z_m = \frac{\int_0^R z P(z)\,\mathrm{d}z}{\int_0^R P(z)\,\mathrm{d}z} = \frac{\int_0^R z P(z)\,\mathrm{d}z}{1-\eta} \quad (8.5)$$

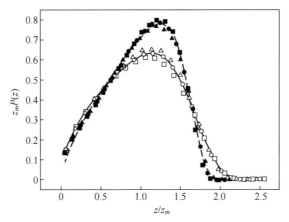

图 8.16 蒙特卡罗模拟的二氧化硅中电子(实心圆)和正电子(空心圆)重新标定后的深度剖面 $z_m P(z)$ 随 z/z_m (从表面测量的固体内深度除以平均值 z_m)的关系(粒子的入射能量分别为 3keV(方形)、5keV(圆圈)和 10eV(三角),由 Aers 式(8.4)计算的深度剖面由实线(电子)和虚线(正电子)表示[27],电子:$N=0.85±0.01,C=1.696±0.005,l=0.53±0.01,m=6.2±0.1$;正电子:$N=1.00±0.01,C=1.642±0.004,l=0.69±0.01,m=9.9±0.3$)

拟合参数 N、C、l 和 m 的值是通过对 SiO_2 中 3~10keV 的电子和正电子的蒙特卡罗计算得到的,如图 8.16 所示(实线:电子,虚线:正电子)。对于电子:$N=0.85±0.01$、$C=1.696±0.005$、$l=0.53±0.01$、$m=6.2±0.1$。对于正电子:$N=1.00±0.01$、$C=1.642±0.004$、$l=0.69±0.01$、$m=9.9±0.3$。

8.5 小结

本章采用了蒙特卡罗方法预测碰撞到块材样品和沉积层的电子(和正电子)的背散射系数。特别是对于表面膜层的情况,计算了膜层厚度、膜层特性及入射电子能量与背散射系数的关系。本章模拟的程序采用了 Mott 截面来计算弹性散射,采用连续慢化近似计算了能量损失。对于阻止本领的计算,采用了 Richie 的介电理论[8]和由 Kanaya 和 Okayama 提出的解析半经验公式[25]。模拟了不同镀层和衬底组合的电子背散射系数。背散射系数与入射电子能量的关系的主要特征是,能量最大值和最小值的位置依赖于材料及厚度的特定组合,同时两种不同的阻止本领以采用相似的方法也是可以互相复现的。本章的 8.4 节给出了电子和正电子深度分布和背散射系数的对比研究。

参考文献

[1] M. Dapor Phys. Rev. B 46, 618 (1992)
[2] M. Dapor, Electron-Beam Interactions with Solids: Application of the Monte Carlo Method to Electron Scattering Problems (Springer, Berlin, 2003)
[3] R. Cimino, I. R. Collins, M. A. Furman, M. Pivi, F. Ruggiero, G. Rumolo, F. Zimmermann, Phys. Rev. Lett. 93, 014801 (2004)
[4] M. A. Furman, V. H. Chaplin, Phys. Rev. Spec. Topics-Accel. Beams 9, 034403 (2006)
[5] M. Vicanek, H. M. Urbassek, Phys. Rev. B 44, 7234 (1991)
[6] M. Dapor, J. Appl. Phys. 79, 8406 (1996)
[7] J. C. Ashley, J. Electron Spectrosc. Relat. Phenom. 46, 199 (1988)
[8] R. H. Ritchie, Phys. Rev. 106, 874 (1957)
[9] N. F. Mott, Proc. R. Soc. Lond. Ser. 124, 425 (1929)
[10] H. E. Bishop, in Proceedings of 4ème Congrès International d'Optique des Rayons X et de Microanalyse (1967), pp. 153158
[11] H. J. Hunger, L. G. Küchler, Phys. Status Solidi A 56, K45 (1979)
[12] S. Tanuma, C. J. Powell, D. R. Penn, Surf. Interface Anal. 37, 978 (2005)
[13] D. C. Joy (2008), http://web.utk.edu/~srcutk/htm/interact.htm
[14] I. M. Bronstein, B. S. Fraiman, Vtorichnaya Elektronnaya Emissiya (Nauka, Moskva, 1969)
[15] L. Reimer, C. Tolkamp, Scanning 3, 35 (1980)
[16] T. Koshikawa, R. Shimizu, J. Phys. D Appl. Phys. 6, 1369 (1973)
[17] R. Böngeler, U. Golla, M. Kussens, R. Reimer, B. Schendler, R. Senkel, M. Spranck, Scanning 15, 1 (1993)
[18] J. Ch, Kuhr and H. J. Fitting, Phys. Status Solidi A 172, 433 (1999)
[19] M. M. El Gomati, C. G. Walker, A. M. D. Assa'd, M. Zadrazil, Scanning 30, 2 (2008)
[20] M. Dapor, J. Appl. Phys. 95, 718 (2004)
[21] M. Dapor, Surf. Interface Anal. 38, 1198 (2006)
[22] M. Dapor, Surf. Interface Anal. 40, 714 (2008)
[23] Dapor, N. Bazzanella, L. Toniutti, A. Miotello, S. Gialanella, Nucl. Instrum. MethodsPhys. Res. B 269, 1672 (2011)
[24] M. Dapor, N. Bazzanella, L. Toniutti, A. Miotello, M. Crivellari, S. Gialanella, Surf. Interface Anal. 45, 677 (2013)
[25] K. Kanaya, S. Okayama, J. Phys. D Appl. Phys. 5, 43 (1972)
[26] M. Dapor, J. Electron Spectrosc. Relat. Phenom. 151, 182 (2006)
[27] G. C. Aers, J. Appl. Phys. 76, 1622 (1994)

第9章 二次电子发射系数

电子束辐照固体靶会引起二次电子发射。这些二次电子是入射电子束中的电子或者在固体中行进的其他二次电子,发生了电子—原子非弹性相互作用而从固体原子中激发出的电子。一些二次电子在固体中和原子经历多次弹性及非弹性相互作用后,到达固体表面并满足从固体中出射的条件而从固体中逃逸。二次电子能谱会受到入射电子背散射部分的干扰,对于研究者在实验室所遇到的绝大部分实际情况,这种干扰可以被合理忽略,至少在某种近似下可以忽略该影响。

二次电子发射的过程可以分成两种现象:第一种现象是入射电子束和固体中的束缚电子之间相互作用从而产生二次电子;第二种现象用级联散射表示,二次电子在固体中扩散并激发新的二次电子从而产生二次电子流。每一个二次电子在固体中行进的时候都会损失能量,整个过程会一直持续直至二次电子的能量不足以激发更多的二次电子或者到达表面具有足够能量并出射。出射的二次电子个数除以入射电子的个数称为二次电子发射系数。能量在 0~50eV 范围对二次电子能量分布的积分可以作为二次电子发射系数的测量。在扫描电子显微成像中,二次电子发射起着重要作用。

9.1 二次电子发射

本章采用蒙特卡罗程序定量地模拟了聚甲基丙烯酸甲酯(PMMA)和氧化铝(Al_2O_3)中的二次电子发射。本章定位于通过比较已有的实验数据和蒙特卡罗计算结果,重点关注输运蒙特卡罗模型的主要特点,即能量歧离(ES)策略和连续慢化近似(CSDA)策略。这样,在评价不同情况下哪种方法更方便时,就能够理解每种方法的适用条件限制,并考虑 CPU 时间消耗的问题。一方面,使用简便的连续慢化近似计算二次电子发射系数可获得类似于利用更精确的(CPU 时间消耗大的)能量歧离策略所得到的和实验相符的结果;另一方面,如果需要二次电子的能量分布,那么能量歧离策略成为唯一的选择。

二次电子发射涉及非常复杂的现象,数值处理需要详细了解电子和固体的相互作用。

靶材内发生的最重要的过程是从价带输运到导带的单个电子的产生,等离激元的产生,以及固体内电子与屏蔽离子势的弹性散射。如果电子的能量足够高,电子可以与内层电子发生非弹性散射,从而产生电离。极低能量的二次电子同样和声子相互作用损失(获得)能量。在绝缘材料中,电子在固体中可以被捕获(极化子效应)。每一个二次电子在固体中行进的过程都可能产生更多的二次电子,为了获得定量上的结果,追踪整个级联过程是最好的选择[1-3]。

9.2 研究二次电子发射的蒙特卡罗方法

二次电子发射系数的蒙特卡罗计算可以通过详细计入电子能量损失的许多机制[1, 3-5],或者假设连续慢化近似[6-8]完成。使用第一种方法需要具有更坚实的物理基础,由于在二次电子级联散射中对所有散射进行细节描述,因此这是一种非常耗时的方案。连续慢化近似可以节省很多 CPU 时间,但它在物理基础上仍有存疑之处。

本章将介绍采用两种方法的蒙特卡罗模拟仿真 PMMA 和 Al_2O_3 的二次电子发射。这些模拟结果证明,如果仅仅将二次电子发射系数作为入射电子能量的函数计算,则对任何实际问题,两种蒙特卡罗策略均能给出等同的结果。

不仅两种方法仿真得到的二次电子发射系数非常接近,而且两种蒙特卡罗策略给出的结果和实验结果也非常相符。这表明,对于计算二次电子发射系数,应该选择连续慢化近似,因为它比描述更多细节的策略快得多(超过10倍)。另外,如果需要二次电子的能量分布,则不能使用连续慢化近似,因为它不能用真实的方式描述所有的能量损失过程,而必须使用描述细节的策略,即使就 CPU 而言要耗时更多[9-10]。

9.3 研究二次电子的具体蒙特卡罗方法

9.3.1 连续慢化近似策略

在 CSDA 的情况下,步长可根据公式 $\Delta s = -\lambda_{el}\ln\mu$ 计算,其中 μ 是一个在 [0,1] 范围内均匀分布的随机数,沿着一段轨迹 Δs 的能量损失由式 $\Delta E = (dE/ds)\Delta s$ 近似表示。相对于在专门介绍蒙特卡罗方法的章节中的描述,使用 CSDA 进行二次电子发射系数的计算需要更多的知识。

根据 Dionne[11]、Lin 和 Joy[6]、Yasuda 等[7]以及 Walker 等[8]的文献,二次电子发射系数的计算,可以做如下假设。

(1) 在每一个步长 ds 内,对应能量损失 dE,所产生的二次电子个数 dn 可以表示为

$$dn = \frac{1}{\varepsilon_s}\frac{dE}{ds}ds = \frac{dE}{\varepsilon_s} \quad (9.1)$$

式中:ε_s 为产生单个二次电子所需要的有效能量。

(2) 在深度 z 处产生的一个二次电子到达表面并且出射的概率 $P(z)$ 服从指数衰减规律,即

$$P_s(z) = e^{-z/\lambda_s} \quad (9.2)$$

式中:λ_s 为有效逸出深度。

因此,二次电子发射系数可表示为

$$\delta = \int P_s(z)dn = \frac{1}{\varepsilon_s}\int e^{-z/\lambda_s}dE \quad (9.3)$$

9.3.2 能量歧离策略

在前面已经详细叙述了能量歧离策略,因此这里仅针对研究二次电子发射中策略的具体特点加以描述。对于所采用的模拟方法的更进一步的信息,可参阅 Ganachaud and Mokrani[1]、Dapor 等[5]及 Dapor[9-10]的文献。

如果 μ 是一个在[0,1]范围内均匀分布的随机数,在固体中行进的每一个电子的每一段步长 Δs 可以采用指数概率密度分布计算,得到 $\Delta s = -\lambda \ln\mu$。在这个公式中,$\lambda$ 是所有涉及的散射机制的平均自由程。它的倒数即总平均自由程的逆,可以表示为所有电子和固体相互作用的平均自由程的倒数之和。特别是,必须要计入入射电子和屏蔽原子核之间弹性相互作用的平均自由程的倒数 λ_{el}^{-1},入射电子和原子中电子之间的非弹性相互作用的平均自由程的倒数 λ_{inel}^{-1},因此 $\lambda^{-1} = \lambda_{el}^{-1} + \lambda_{inel}^{-1}$。

如果靶材为介质,还需要考虑由电子-声子相互作用的平均自由程的倒数 λ_{phonon}^{-1},电子-极化子相互作用的平均自由程的倒数 λ_{pol}^{-1}。Ganachaud 和 Mokrani[1]讨论了在极低能量下观测到的 Mott 弹性散射截面值过高的问题,他们提出 Mott 弹性散射截面应乘以一个截止函数(见 6.14 节),这样,当电子能量很低时(此时电子-声子散射截面变得重要),弹性散射截面将被忽略。另外,对于更高的能量,当电子-声子散射变得可以忽略时,为了恢复 Mott 截面的行为,截止函数接近于 1。

如果散射是非弹性的,能量损失可以根据具体的非弹性散射截面计算。如果散射是弹性的,散射角可根据 Mott 散射截面计算。需要注意的是电子偏转也取决于电子—电子相互作用以及电子—声子相互作用。文献中给出的蒙特卡罗策略考虑到了完整的二次电子级联散射[2, 4-5, 9-10, 12-14]。假设二次电子的初始位置在发生非弹性散射的位置。本章所呈现的计算中,二次电子的极角和方位角可根据 Shimizu 和丁泽军的文献[15]计算,即假设二次电子是随机方向的。产生的二次电子方向随机的假设意味着慢二次电子必须以球对称产生[15]。这一假设违反了经典二体碰撞模型中的动量守恒法则,在第 10 章中将给出相关的研究,即通过实验数据对比采用球对称得到的结果和在经典二体碰撞模型中使用动量守恒得到的结果。这项研究证明,基于球对称的方式产生慢二次电子的假设,所计算的固体出射的二次电子的能量分布及二次电子发射系数与实验结果符合得更好[4]。

9.4 二次电子发射系数:PMMA 和 Al_2O_3

上面描述的蒙特卡罗策略,即能量歧离策略和连续慢化近似策略,对二次电子在绝缘靶中行进时发生的主要相互作用进行了说明[1]。在下面的章节中将给出两种策略得到的结果,并且与已有实验数据进行比较。

9.4.1 二次电子发射系数和能量的函数关系

实验结果表明,随着入射电子能量的增加,二次电子发射系数会达到最大值,然后随着入射电子能量的增加二次电子发射系数减小。对于这一现象很容易给出一个简单的定性解释:在入射能量很低的时候,二次电子产生的很少,随着入射能量的增加,从表面出射的二次电子个数也在增加。从表面逃逸的二次电子产生的平均深度也随着入射能量的增加而增加。当能量高于由靶材决定的阈值时,二次电子产生的平均深度变得非常深,以至于所产生二次电子中只有很少量可以到达表面并满足从表面出射和被检测到的必要条件。本章将表明两种蒙特卡罗策略(ES 策略和 CSDA 策略)均能证实上面的定量解释。

9.4.2 ES 策略和实验的比较

尽管 ES 策略使用的参数和描述相互作用规律的参数的物理意义是清楚的,使得这些参数至少在原理上是可测量的,但是在实际中这些参数仅能通过分析对模拟结果的影响和通过已有实验数据比较而被确定。

通过这样的分析可以确定 PMMA 的参数,在图 9.1 和图 9.2 中,比较了已有实验数据和基于 ES 策略的精细蒙特卡罗方法获得的模拟结果。可以发现,对于 PMMA,两者相符最好时的参数值为:$\chi = 4.68\text{eV}$、$W_{ph} = 0.1\text{eV}$、$C = 0.01\text{Å}^{-1}$、$\gamma = 0.15\text{eV}^{-1}$[5,9]。

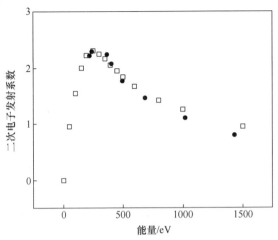

图 9.1 PMMA 的二次电子发射系数与入射电子能量的函数关系的蒙特卡罗模拟结果与实验数据的比较(方形代表基于能量歧离策略及参数 $\chi = 4.68\text{eV}$、$W_{ph} = 0.1\text{eV}$、$C = 0.01\text{Å}^{-1}$、$\gamma = 0.15\text{eV}^{-1}$ 的蒙特卡罗模拟结果,该数据的获得包括了 0~50eV 范围内所有能量的电子,圆形代表源自文献[7,16]的实验数据)

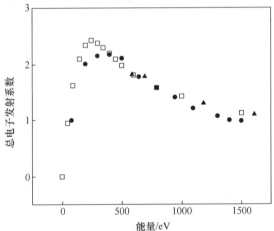

图 9.2 PMMA 的总电子发射系数(二次电子发射系数+背散射系数)与入射电子能量的函数关系的蒙特卡罗模拟数据与实验数据的比较(方形代表基于能量歧离和参数 $\chi = 4.68\text{eV}$、$W_{ph} = 0.1\text{eV}$、$C = 0.01\text{Å}^{-1}$、$\gamma = 0.15\text{eV}^{-1}$ 模拟的蒙特卡罗数据,该数据的获得包括了 0~E_0 范围内所有能量的电子,圆形代表源自文献[17]的实验数据,三角形代表源自文献[18-19]的实验数据)

需要注意的是,做类似的分析时,Ganachaud 和 Mokrani 发现,对于非晶 Al_2O_3,取下列参数值:$\chi = 0.5\text{eV}$、$W_{ph} = 0.1\text{eV}$、$C = 0.1\text{Å}^{-1}$、$\gamma = 0.25\text{eV}^{-1}$[1]。同样需要注意的是,二次电子发射系数强烈依赖上面所有参数。许多材料的电子亲和势 χ 以及由于声子产生引起的能量损失 W_{ph} 都已经被测量过,其值可以在科学文献中查找到,两个参数 C 和 γ 的信息则较少(关于电子—极化子相互作用)。

9.4.3 CSDA 策略和实验的比较

基于 CSDA 策略的蒙特卡罗程序也依赖于两个参数:有效逃逸深度 λ_s 和产生单个二次电子所需的有效能量 ε_s。

CSDA 程序的结果与现有实验数据的对比如图 9.3 所示。

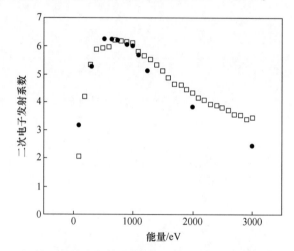

图 9.3　Al_3O_2 的二次电子发射系数与入射电子能量的函数关系的蒙特卡罗模拟数据与实验数据的比较(方形代表基于连续慢化近似及参数 $\lambda_s = 15.0\text{Å}$、$\varepsilon_s = 6.0\text{eV}$ 的蒙特卡罗模拟数据,圆形代表 Dawson 实验数据[20])

基于 CSDA 的 MC 程序所使用的 Al_2O_3 物理参数(有效逃逸深度 λ_s 和产生单个电子所需的有效能量 ε_s)与其他物理参考数据[1,6]合理一致,其中 $\lambda_s = 15.0\text{Å}$ 和 $\varepsilon_s = 6.0\text{eV}$。

统计分布 χ_s^2 的计算值可用于定量评估 CSDA 蒙特卡罗模拟数据和实验数据的一致性,对于 Al_2O_3,蒙特卡罗模拟数据(使用上面给出的参数获得的,即 $\lambda_s = 15.0\text{Å}$ 和 $\varepsilon_s = 6.0\text{eV}$)和实验数据之间的一致性是 0.905,比较的自由度数 $\nu = 11$。$\nu = 11$ 时,χ_s^2 分布的下限临界值为 3.053,超过该临界值的概率 $p = 0.99$。由于所有计算的 χ_s^2 远小于临界值,这意味着在蒙特卡罗模拟数据近似等于实验数据的假设

(无效假设)中,观察到的差异是由统计波动引起的可能性大于99%。比较实验数据和策略的蒙特卡罗模拟数据可以得到类似的结果。

9.4.4 CPU 时间

ES 程序所需的计算时间远远高于 CSDA 程序所需的计算时间。对于一个典型的模拟(1keV 电子照射 PMMA),CSDA 策略比 ES 策略要快过 10 倍。这种巨大的 CPU 时间差异与二次电子的级联散射有关。ES 策略要求计算完整的级联过程。而 CSDA 策略只需计算每一个入射电子轨迹中每一步长所产生的二次电子个数。CSDA 策略更进一步的优点是参数个数的减少(对于绝缘材料,CSDA 策略只需 2 个参数,而 ES 策略需要 4 个参数)。

当然,ES 蒙特卡罗程序基于更坚实的物理背景,可以计算其他重要特性,如二次电子能量分布、横向分布、角分布以及深度分布,这些是 CSDA 策略不能得到的(见第 10 章)。

相对于实验数据的经验拟合,在实际应用中采用 CSDA 策略的优势当然是蒙特卡罗模拟在其他方面的预测能力。目前,CSDA 模型确实需要和已有数据或精准的模拟结果进行拟合以计算它的自由参数,则应考虑到如果大量材料的参数是已知的,那么采用 CSDA 策略就可以研究许多不同于找出参数值的问题。例如,二次电子发射与任意给定能量的入射电子的角度的关系,或两侧无支撑薄膜的二次电子发射,或沉积在块材样品上不同材料的薄膜的二次电子发射系数等。这不同于为了寻找参数值而使用该方法,对实验数据的简单经验拟合也是不可能得到这些结果的。

综上所述,快速蒙特卡罗程序可以用于计算二次电子发射系数。如果需要二次电子能量、横向和深度分布或所涉及物理过程的详细描述,即使需要再多的 CPU 时间,也应采用 ES 策略。

9.5 小结

本章中采用输运蒙特卡罗方法研究了绝缘材料(PMMA 和 Al_2O_3)的二次电子发射。通过比较蒙特卡罗模拟结束与已有实验数据获得的二次电子发射系数,证明了计算方法的正确性。尤其是,分析了采用不同方法(能量歧离策略和连续慢化近似策略)计算的绝缘靶材中的二次电子发射系数。已经证实两种方法对于计算二次电子发射系数与入射电子能量的函数关系,可以得到类似的结果。此外,模拟结果与已有的实验数据符合得很好。然而对二次电子能量分布的评估则要求使用能量歧离策略以便考虑到所有能量损失机制的细节(见第10章)。

参考文献

[1] J. P. Ganachaud, A. Mokrani, Surf. Sci. 334, 329 (1995)

[2] M. Dapor, B. J. Inkson, C. Rodenburg, J. M. Rodenburg, Europhy. Lett. 82, 30006 (2008)

[3] J. C. Kuhr, H. J. Fitting, J. Electron Spectrosc. Relat. Phenom. 105, 257 (1999)

[4] M. Dapor, Nucl. Instrum. Methods Phys. Res. B 267, 3055 (2009)

[5] M. Dapor, M. Ciappa, W. Fichtner, J. Micro/Nanolith, MEMS MOEMS 9, 023001 (2010)

[6] Y. Lin, D. C. Joy, Surf. Interface Anal. 37, 895 (2005)

[7] Yasuda, K. Morimoto, Y. Kainuma, H. Kawata, Y. Hirai, Jpn. J. Appl. Phys. 47, 4890 (2008)

[8] C. G. Walker, M. M. El-Gomati, A. M. D. Assa'd, M. Zadrazil, Scanning 30, 365 (2008)

[9] M. Dapor, Nucl. Instrum. Methods Phys. Res. B 269, 1668 (2011)

[10] M. Dapor, Prog. Nucl. Sci. Technol. 2, 762 (2011)

[11] G. F. Dionne, J. Appl. Phys. 44, 5361 (1973)

[12] C. Rodenburg, M. A. E. Jepson, E. G. T. Bosch, M. Dapor, Ultramicroscopy 110, 1185 (2010)

[13] M. Ciappa, A. Koschik, M. Dapor, W. Fichtner, Microelectron. Reliab. 50, 1407 (2010)

[14] A. Koschik, M. Ciappa, S. Holzer, M. Dapor, W. Fichtner, Proc. SPIE 7729, 77290X-1 (2010)

[15] R. Shimizu, D. Ze-Jun, Rep. Prog. Phys. 55, 487 (1992)

[16] L. Reimer, U. Golla, R. Bongeler, M. Kassens, B. Schindler, R. Senkel, Fiz. Tverd. Tela Adad. Nauk 1, 277 (1959)

[17] M. Boubaya, G. Blaise, Eur. Phys. J.: Appl. Phys. 37, 79 (2007)

[18] L. Reimer, U. Golla, R. Bongeler, M. Kassens, B. Schindler, R. Senkel, Optik (Jena, Ger.) 92, 14 (1992)

[19] É. I. Rau, E. N. Evstaf'eva, M. V. Adrianov, Phys. Solid State 50, 599 (2008)

[20] P. H. Dawson, J. Appl. Phys. 37, 3644 (1966)

第10章
二次电子能量分布

对物质的电子和光学特性的研究对于理解发生在纳米颗粒和固体中的物理和化学过程至关重要[1]。辐射损伤、化学成分分析和电子结构研究代表了电子-物质相互作用机制所发挥作用的几个例子。电子能谱仪和电子显微镜是研究电子如何与物质相互作用的基础仪器[2]。

电子能谱仪包含了很宽的技术领域。特别是,低能反射电子能量损失谱仪和俄歇电子能谱仪均利用了电子束分析材料表面。

不管是反射电子能量损失谱仪,还是俄歇电子能谱仪均是散射理论的应用[3]。它们均基于这样的散射过程,初始状态的电子与固体靶材碰撞,最终的状态由极少量的不发生相互作用的能谱片段表征。对这些能量分布片段的分析组成了能谱仪的主要特征,因为它提供了待测系统特性的观察手段。

能谱是以动能或能量损失为函数的出射电子强度的曲线,它带有所研究材料的重要信息[4-6]。

10.1 能谱的蒙特卡罗模拟

本节给出的数值结果是考虑了能量损失的所有机制和 Mott 散射截面描述的弹性散射获得的。此外,还考虑了二次电子的整个级联散射过程。

为了说明能谱的一般特征,图 10.1 给出了 200eV 电子束照射到 PMMA 样品上时蒙特卡罗模拟得到的完整能谱[6]。在金属材料中也观察到了相似的能谱[4-5]。本次计算的靶材可视为半无限衬底。需要注意的是,对于薄膜情况,特别是当样品比平均自由程还薄时需要特殊对待。

初始电子束中的许多电子在经过与靶材原子和电子相互作用后发生背散射。它们中的一部分保持了原有的动能,仅与靶材的原子发生了弹性碰撞。这些电子构成了弹性峰,或者零能量损失峰,它们的最大值位于入射电子束的初始能量处。如图 10.1 的仿真结果所示,弹性峰是位于 200eV 处的一个很窄的峰。

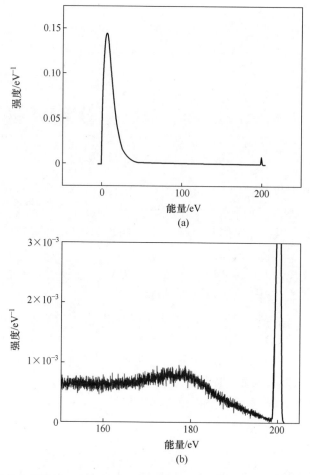

图 10.1 由蒙特卡罗模拟(ES 策略)的 200eV 电子束照射 SiO_2 样品时逸逸出电子的能量分布(弹性峰或零能量损失峰,它的最大值位于入射电子束的能量处,代表电子仅受到弹性散射。等离激元峰代表入射电子束中的电子从表面逃逸的过程中与等离激元发生了单次非弹性散射。能谱中同样表示出了与等离激元的多次散射。二次电子能量谱在能谱中非常低的能量范围处有一显著的峰值,通常在 50eV 以下[6])
(a)包括二次电子峰(低能端)和 200eV 位置处的弹性峰的完整能谱;(b)包括等离激元峰和弹性峰的放大能谱。

在图 10.1 中,等离激元峰大致位于 178eV 附近(距离弹性峰约 22eV),代表了入射电子束中的电子与等离激元发生了单次非弹性散射后逸出表面的电子。该能谱中同样给出了与等离激元发生多次碰撞而出射的电子,但是它们的强度非常低。例如,在 PMMA 能谱的特定情况下,与等离激元非弹性散射两次的峰位置位于 156eV 附近(距离弹性峰约 44eV),在图 10.1 (b)中几乎不可见。

在图10.1中同样看不见电子-声子能量损失谱,其原因如下:①该谱的强度相对于弹性峰的强度非常小;②该谱与非常强的弹性峰的距离很近,同时弹性峰的宽度更宽(1eV量级),因此电子-声子损失谱不可分辨。

该能谱还包含了内核电子的激发,由于双电离原子的存在,因此该能谱还包含了俄歇电子峰。只是在该尺度下,它们同样不可见。

二次电子是由级联散射过程产生的,它们是由电子-电子发生非弹性碰撞,激发原子中的电子并从靶材表面逃逸的电子。蒙特卡罗模拟的能谱在非常低的能量区域有一个显著的峰,其典型值低于50eV,这在图10.1中可以很清楚地看到。

10.2 等离激元损失谱和电子能量损失谱

为了简单讨论等离激元损失的主要特征,将首先介绍有关石墨的数值模拟。采用文献中的实验数据计算介电函数,由此再计算能量损失函数[7-11]。需要注意的是,采用相似的半经验方法可以计算其他材料的等离激元损失。实际上,可以从文献中找到很多材料的能量损失函数的实验数据。例如,文献[7-8,12]给出了SiO_2的电子能量损失,本节也对此进行了描述。

10.2.1 石墨的等离激元损失

下面研究石墨的电子能量损失谱,它包含了由于外壳层电子非弹性散射产生的零能量损失峰、π和π+σ等离激元损失峰,以及由于多级散射额外产生的多倍π+σ能量的等离激元峰。π等离激元损失峰在7eV附近,而第一、第二和第三π+σ等离激元损失峰分别位于27eV、54eV和81eV处。

石墨是一种具有层状结构的单轴各向异性晶体。对于这种单轴各向异性晶体,介电函数是一个张量,其只有两个不同的对角元素,一个与c轴正交,另一个与c轴平行。前者与垂直于c轴的动量转移的响应有关(面内激励),后者与平行于c轴的动量转移的响应有关(面外激励)。为了描述石墨的非弹性散射,假设单次非弹性碰撞是由介电张量的平行分量相对应的微分非弹性散射截面或介电张量的垂直分量对应的截面所决定的。下面引入一个数值参数f,根据文献[13],本模拟中$f = 0.4$。在模拟石墨中电子传输的过程中,对于每次非弹性碰撞,均产生一个均匀分布在[0,1]范围内的随机数。如果随机数小于f值,则碰撞由介电张量的平行分量对应的微分非弹性散射截面决定,否则由介电张量的垂直分量对应的微分非弹性散射截面决定。

图10.2比较了500eV的电子入射石墨的实验数据和蒙特卡罗模拟结果[13]。

本节给出的蒙特卡罗模拟结果利用了实验的石墨介电函数(平行和垂直于 c 轴):能量低于40eV使用了参考文献[9-11]报道的结果,而能量高于40eV采用了 Henke 等的光学数据[7-8]。

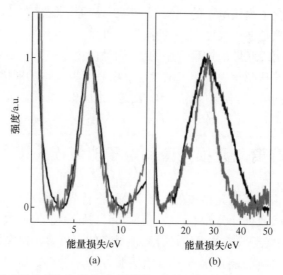

图10.2 实验(黑色线)和蒙特卡罗模拟(灰色线)结果对比(入射电子能量500eV。通过减去线性的背景强度,等离激元损失峰被归一化到相同的高度。采用了 Henke 等[7-8]的光学数据,能量低于 40eV 时采用了文献[9-11]的数据。蒙特卡罗程序基于 ES 策略。感谢 Lucia Calliari 和 Massimiliano Filippi 提供的实验数据:高定向热解石墨(HOPG))

(a)π 等离激元损失峰;(b) π + σ 等离激元损失峰[13]。

10.2.2 SiO_2 的等离激元损失

下面分析蒙特卡罗模拟的入射电子能量 E_0 = 2000eV 时,SiO_2 的电子能量损失谱(图 10.3)。模拟时采用的介电函数,能量低于 33.6eV 采用了 Buechner 的实验数据[12],高于该能量时采用了 Henke 等的光学数据[7-8]。

蒙特卡罗模拟得到的能谱给出了两个等离激元损失峰,这两个峰位于 23eV 和 46eV 附近,分别代表了单次非弹性散射和两次非弹性散射[14]。

所给出结果的主峰及肩峰可以通过价带和导带间的能带转移得到解释。等离激元损失主峰位于 23eV 附近,位于 19eV 的肩峰是由于结合带的激发产生,而位于 15eV 和 13eV 的次峰是由于非结合带的激发产生的[15]。

图 10.3 给出了主能量损失峰和弹性峰间的能量区域,其间没有观察到背散射

电子。实际上,当靶材是绝缘体时,当原子的电子能量低于价带和导带的带隙能量E_G时,电子不发生跃迁。因此,能量在$E_0-E_G \sim E_0$之间(能量损失为$0 \sim E_G$)的入射电子不能从靶材表面逃逸[14]。

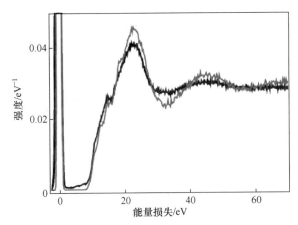

图 10.3 2000eV 入射电子碰撞 SiO$_2$ 的能量损失谱的实验(黑线)和蒙特卡罗模拟结果(灰线)[14](实验和蒙特卡罗谱均通过弹性峰的面积归一化。采用了 Henke 等[7-8]的光学数据,能量低于 33.6eV 时采用了 Buechner 实验能量损失函数[12]。蒙特卡罗程序基于 ES 策略,感谢 Lucia Calliari 和 Massimiliano Filippi 提供的实验数据)

10.3 俄歇电子的能量损失

蒙特卡罗程序可用于模拟在固体中行进还没有逃逸出表面的俄歇电子的能量损失谱。由此而论,蒙特卡罗程序可以用于计算固体中俄歇电子离开固体前的能量损失引起的原电子能量分布的改变。原电子分布采用了由 SURface PhotoeletRon and inner shell electron spectroscopy(SURPRISES)程序组从头计算的非辐射衰变谱。SURPRISES 的物理过程可以查阅文献[16-18]。该程序可以从头计算纳米簇和固态系统中的光致电离和无辐射衰减谱。

俄歇谱的模拟结果和实验比对需要恰当地考虑由于俄歇电子从固体内部向表面行进中损失的能量造成的俄歇电子能量分布的改变。为此,采用从头计算的俄歇概率分布作为非弹性电子的来源。之前计算的理论俄歇谱采用了从头计算,用于描述逃逸电子的初始能量分布。

通过假设一个不变的深度分布计算俄歇电子的产生,根据文献[19],该深度设定为 40Å。图 10.4 给出了计算结果与原始实验数据的对比,给出的实验数据没有进行任何能量损失的去卷积,同时提供了从头计算的原始理论谱。

可以看到,蒙特卡罗能量损失计算增加和展宽了俄歇概率。蒙特卡罗计算的 K-L_1L_{23} 峰被大幅展宽,这是由于 SiO_2 的主等离激元损失峰与零损失峰(约 23eV,图 10.3)间的距离与俄歇谱中 K-$L_{23}L_{23}$ 和 K-L_1L_{23} 的特征峰距离相等。

实验结果和从头计算的蒙特卡罗模拟结果达到了很好的一致性,特别是在能量位置、峰的相对强度和整个研究的能量范围的背景分布上符合得很好。

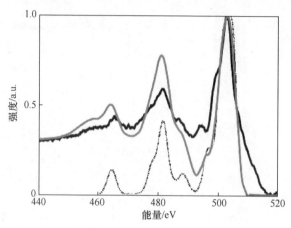

图 10.4 SiO_2 的 O 的 KLL 俄歇谱(对比了量子力学理论数据(虚线),蒙特卡罗模拟数据(灰色实线)和原始实验数据(黑色实线)[16]。感谢 Stefano Simonucci 和 Simone Taioli 提供的量子力学理论数据。感谢 Lucia Calliari 和 Massimiliano Filippi 提供的实验数据)

10.4 弹性峰电子能谱

弹性峰的谱(EPES)线形状分析被称为弹性峰电子能谱(EPES)[20-21]。弹性峰电子的能量由于被转移到靶材原子的能量(反冲能量)而降低。由于越轻的元素表现出的能量偏移越大,电子能谱中的 EPES 是唯一一种可用于检测聚合物和碳氢化合物材料中的氢的方法[22-29]。H 的检测是通过测量 C(或 C+O)弹性峰位置和 H 弹性峰位置的能量差获得的,对于入射电子能量范围为 1000~2000eV 时,弹性峰能量位置的差异在 2~4eV 这个范围,并且随着入射电子能量的增加而增加。质量为 m_A 的原子的平均反冲能量为

$$E_R = \frac{4m}{m_A} E_0 \sin^2 \frac{\vartheta}{2} \tag{10.1}$$

蒙特卡罗模拟的 PMMA 的弹性峰电子能谱如图 10.5(E_0 = 1500eV)和图 10.6

(E_0 = 2000eV)所示。H 弹性峰的位置随着 C+O 弹性峰的位置发生了偏移,能量的偏移是入射能量 E_0 的增函数。

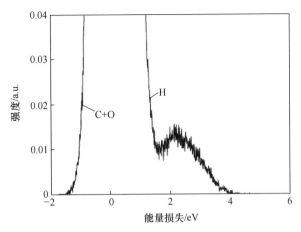

图 10.5　蒙特卡罗模拟的 PMMA 的 EPES(给出了 C+O(左)和 H(右)的弹性峰,入射电子能量 E_0 = 1500eV)

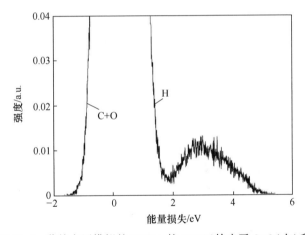

图 10.6　蒙特卡罗模拟的 PMMA 的 EPES(给出了 C+O(左)和 H(右)的弹性峰,入射电子能量 E_0 = 2000eV)

10.5　二次电子能谱

电子能谱的另一重要特征是二次电子分布,即通过非弹性碰撞从固体原子中激发并在固体中输运,到达表面时具有足够的能量能从表面逃逸的电子的能量分布。二次电子的能量分布被限制在能谱的低能区域,通常在50eV以下。这是一个具有明显特征的峰,在电子级联散射过程中会产生二次电子,这些二次电子沿着其行进的轨迹又产生更多的二次电子,从而产生了大量的二次电子。

10.5.1 Wolff 理论

轰击固体靶材的电子束会激发二次电子的发射,即固体中原子激发出的电子与初始电子或固体中输运的其他高能二次电子相互作用的结果。

一些二次电子与固体原子发生多次弹性和非弹性碰撞后,带着足够的能量到达固体表面,并从固体内发射。甚至一些初始电子,在与靶原子发生多次弹性和非弹性碰撞后,也会从表面出射。因此,二次电子能谱包含了背散射的初始电子的贡献。在下面的章节中,将主要关注二次电子,忽略背散射电子。

二次电子发射的过程在概念上可以分为两种现象:第一种涉及由于初始电子和固体内电子相互作用而产生的二次电子;第二种是以级联为代表的,即二次电子在固体中扩散,在级联过程中激发新的二次电子[30-31]。

由于每个二次电子在固体内部的输运过程中都会损失能量,这个过程一直持续到二次电子的能量减少到不足以激发新的二次电子,或者电子到达固体表面时有足够的能量从内部发射。

下面介绍一些相关的物理量。用 $\mathcal{N}(r,\Omega,E,t)$ 表示时间 t 时 r 和 $r+\mathrm{d}r$ 之间、Ω 和 $\Omega+\mathrm{d}\Omega$ 之间、E 和 $E+\mathrm{d}E$ 之间的电子数量,其中,Ω 表示电子速度 v 方向的单位矢量;$\lambda(E)$ 表示电子平均自由程;$F(\Omega,E;\Omega',E')$ 表示电子以 Ω、E 被散射后,在 Ω' 和 E' 被发现的电子概率;$S(r,\Omega,E,t)$ 表示源,即由初级粒子轰击而产生二次电子的密度。电子级联受波耳兹曼扩散方程的约束:

$$\frac{\partial \mathcal{N}}{\partial t} + \boldsymbol{v} \cdot \nabla \mathcal{N} = -\frac{v\mathcal{N}}{\lambda} + S + \int \mathrm{d}E' \mathrm{d}\Omega' \frac{v' \mathcal{N}(r,\Omega',E',t)}{\lambda(E')} F(\Omega,E;\Omega',E') \quad (10.2)$$

考虑初始粒子垂直入射到靶材表面的几何形状,该问题具有方位对称性,并且涉及距表面的距离 z、能量 E 以及二次电子的速度与表面法线方向的夹角 θ。如果注意到稳态条件:

$$\frac{\partial \mathcal{N}}{\partial t} = 0 \quad (10.3)$$

则

$$\boldsymbol{v} \cdot \nabla \mathcal{N} = -\frac{v\mathcal{N}}{\lambda} + S + \int dE' d\Omega' \frac{v'\mathcal{N}(\boldsymbol{r},\boldsymbol{\Omega}',E',t)}{\lambda(E')} F(\boldsymbol{\Omega},E;\boldsymbol{\Omega}',E') \quad (10.4)$$

用 Θ 表示 $\boldsymbol{\Omega}$ 和 $\boldsymbol{\Omega}'$ 之间的角度,并用球面谐波展开 3 个函数 $\mathcal{N}$、F 和 S:

$$\mathcal{N}(z,\cos\theta,E) = \frac{1}{4\pi}\sum_{l=0}^{\infty}(2l+1)\mathcal{N}_l(z,E)P_l(\cos\theta) \quad (10.5)$$

$$S(z,\cos\theta,E) = \frac{1}{4\pi}\sum_{l=0}^{\infty}(2l+1)S_l(z,E)P_l(\cos\theta) \quad (10.6)$$

$$F(\boldsymbol{\Omega},E;\boldsymbol{\Omega}',E') = F(\cos\Theta;E,E')$$
$$= \frac{1}{4\pi}\sum_{l=0}^{\infty}(2l+1)F_l(E,E')P_l(\cos\Theta) \quad (10.7)$$

引入以下函数:

$$\psi_l = v\mathcal{N}_l/\lambda(E) \quad (10.8)$$

注意到

$$\boldsymbol{v} \cdot \nabla \mathcal{N} = \frac{1}{4\pi}\sum_l (2l+1) v \frac{\partial \mathcal{N}_l}{\partial z}\cos\theta P_l(\cos\theta)$$
$$= \frac{\lambda(E)}{4\pi}\sum_l (2l+1) \frac{\partial}{\partial z}\left(\frac{v\mathcal{N}_l}{\lambda}\right)\cos\theta P_l(\cos\theta)$$
$$= \frac{\lambda}{4\pi}\sum_l (2l+1) \frac{\partial \psi_l}{\partial z}\cos\theta P_l(\cos\theta)$$
$$= \frac{\lambda}{4\pi}\sum_l \frac{\partial \psi_l}{\partial z}[(l+1)P_{l+1}(\cos\theta) + lP_{l-1}(\cos\theta)]$$
$$= \frac{\lambda}{4\pi}\sum_l \frac{\partial \psi_{l-1}}{\partial z}lP_l(\cos\theta) + \frac{\lambda}{4\pi}\sum_l \frac{\partial \psi_{l+1}}{\partial z}(l+1)P_l(\cos\theta)$$
$$= \frac{1}{4\pi}\sum_l (2l+1)\lambda(E)\left(\frac{l}{2l+1}\frac{\partial \psi_{l-1}}{\partial z} + \frac{l+1}{2l+1}\frac{\partial \psi_{l+1}}{\partial z}\right)P_l(\cos\theta)$$
$$(10.9)$$

则

$$\psi_l(z,E) = S_l(z,E) + \int dE' \psi_l(z,E')F_l(E,E') + \lambda(E)\left(\frac{l}{2l+1}\frac{\partial \psi_{l-1}}{\partial z} + \frac{l+1}{2l+1}\frac{\partial \psi_{l+1}}{\partial z}\right) \quad (10.10)$$

一旦获得 $\psi_l(z,E)$,函数 $\mathcal{N}_l$ 可以计算为

$$\mathcal{N}_l = \frac{\lambda(E)\psi_l(z,E)}{v} = \sqrt{\frac{m}{2E}}\lambda(E)\psi_l(z,E) \tag{10.11}$$

式中：m 为电子质量。

假设整个深度范围内均匀产生二次电子，因此函数 ψ_l 只取决于 E，而与 z 无关。如果能量足够低，二次电子的分布是球形对称的，因此可以忽略所有高于 $l=0$ 的谐波。在这种近似下，$S_0=0$ 的积分微分方程式(10.10)变成

$$\psi_0(E) = \int_E^\infty dE' \psi_0(E') F_0(E,E') \tag{10.12}$$

注意，一旦 ψ_0 已知，二次电子能量分布可计算为

$$j(E) = \mathcal{N}_0 v = \psi_0(E)\lambda(E) \tag{10.13}$$

对于 $F_0(E, E')$，有

$$\begin{aligned}
& 2\pi \int \sin\Theta d\Theta F(\Theta; E, E') P_k(\cos\Theta) \\
&= 2\pi \int_0^\pi \sin\Theta d\Theta \frac{1}{4\pi} \sum_{l=0}^\infty (2l+1) F_l(E,E') P_l(\cos\Theta) P_k(\cos\Theta) \\
&= \frac{1}{2} \sum_{l=0}^\infty (2l+1) F_l(E,E') \int_{-1}^1 P_l(u) P_k(u) du \\
&= \frac{1}{2} \sum_{l=0}^\infty (2l+1) F_l(E,E') \frac{2}{2l+1} \delta_{lk} \\
&= F_k(E,E')
\end{aligned} \tag{10.14}$$

则

$$F_0(E,E') = 2\pi \int \sin\Theta d\Theta F(\cos\Theta; E, E') \tag{10.15}$$

式中，$F_0(E, E')$ 表示能量在 $E\sim E'$ 之间的散射概率，与角度无关。

因此，在二次电子分布球对称性的近似下，忽略所有高于 $l=0$ 的谐波，式(10.12)也可以表示为

$$\psi_0(E) = 2\pi \int_E^\infty dE' \psi_0(E') \int_0^\pi \sin\Theta d\Theta F(\cos\Theta; E, E') \tag{10.16}$$

假设，平均而言，电子能量 $E'<100\text{eV}$ 时每次碰撞损失 $1/2$ 的能量。引入每次散射的平均能量 $\bar{E}$，即

$$\bar{E} = \gamma E' \tag{10.17}$$

式中：E' 为散射前的能量，对于比费米能量大4倍的能量，$\gamma \approx 1/2$。

在这个近似下，有

$$F_0(E,E') = 2\delta(E - \bar{E}) = 2\delta(E - \gamma E') \tag{10.18}$$

注意，式(10.18)中的因子2，它考虑了每个电子碰撞后有两个电子这一事实。

因此,式(10.12)变为

$$\psi_0(E) = 2\int \delta(E - \gamma E')\psi_0(E')\mathrm{d}E' \tag{10.19}$$

所产生的以下解,读者可以很容易地验证:

$$\psi_0(E) = \frac{2}{\gamma(E)}\psi_0\left[\frac{E}{\gamma(E)}\right] \tag{10.20}$$

下面定义函数 $\chi(E)$:

$$2[\gamma(E)]^{\chi(E)-1} = 1 \tag{10.21}$$

式(10.20)的解与 E^{-x} 成正比:

$$\psi_0(E) \propto E^{-x} \tag{10.22}$$

注意,当 $E>2E_F$(E_F 为费米能级)时,$x(E)$ 几乎成为常数($x(E) \approx 2.1$)。因此,二次电子电流由下式给出:

$$j(E) \propto P(E)\frac{\lambda(E)}{E^x} \tag{10.23}$$

式中:因子 $P(E)$ 提供了一个概率,即到达表面时能量为 E 的电子具有足够的法向速度,以克服真空能级和导带底部之间的势垒 χ(功函数/电子亲和)的概率。

根据 Wolff[30] 报道,有

$$P(E) = 1 - \sqrt{\frac{\chi + E_F}{E}} \tag{10.24}$$

10.5.2 描述二次电子能谱的其他公式

Amelio[31] 基于 Streitwolf 方程[32] 提出了以下公式:

$$j(E') = \frac{E' + W}{4} \times$$
$$\left\{\frac{E'}{E' + W}\psi_0(E' + W) - \frac{5}{2}\psi_2(E' + W)\left[\frac{3}{2}\left(1 - \frac{W^2}{(E' + W)^2}\right) - \frac{E'}{E' + W}\right]\right\} \tag{10.25}$$

式中:$W = E_F + \chi$,$E' = E - W$。

Chung 和 Everhart[33] 推导了以下公式:

$$j(E) \propto \frac{E - E_F - \chi}{(E - E_F)^4} \tag{10.26}$$

10.5.3 二次电子的初始极角及方位角

现在要面对的问题是,二次电子是在球对称性的碰撞中产生的,还是根据经典的二体碰撞理论(见 6.2.5 节),在保证动量守恒和能量守恒的情况下发射出的。注意,经典的二体碰撞理论忽略了碰撞发生的环境以及可以转移到其他粒子中的能量。

由于这两种方法(球对称和经典二体碰撞理论)产生的能量分布是不同的,因此考虑了两个版本的蒙特卡罗代码。其中,一个版本的代码在二次电子产生的位置处,采用了球对称描述二次电子发射的角度分布;另一个版本基于经典的二体碰撞理论和相应的守恒定律。两套蒙特卡罗代码的模拟结果均与实验数据进行了比较,从而可以确定哪种蒙特卡罗方案更适合描述该现象。下面将证明,基于球对称的假设与实验结果有更好的一致性。这与 Shimizu 和丁泽军[34]的建议是一致的,即在费米海激发时,在二次电子的蒙特卡罗模拟中使用球对称性。

每个二次电子的初始极角 θ_s 和初始方位角 ϕ_s 都可以通过两种不同的方法计算。

在第一种方法中,基于二次电子以球对称出射的假设,二次电子的初始极角和方位角由随机数确定,即

$$\theta_s = \arccos(2\mu_1 - 1) \tag{10.27}$$

$$\phi_s = 2\pi\mu_2 \tag{10.28}$$

式中:μ_1 和 μ_2 为在区间[0,1]均匀分布的随机数。

这一方法违背了经典二体碰撞理论中的守恒定律,但是 Shimizu 和丁泽军观察到,这一方法应该采用且优先使用于涉及费米海激发二次电子产生的过程中[34]。

在本章中,球对称蒙特卡罗 MCSS 是基于此方法的蒙特卡罗程序的名称。

在第二种方法中,代码通过采用经典的二体碰撞模型考虑了守恒定律,因此,如果 θ 和 ϕ 分别为入射电子的极角和方位角,则

$$\sin\theta_s = \cos\theta \tag{10.29}$$

$$\phi_s = \pi + \phi \tag{10.30}$$

在本章中,马尔可夫链蒙特卡罗(MCMC)代表第二种方法的蒙特卡罗程序。MCSS 和 MCMC 程序的计算结果与理论和实验数据[35]进行了比对。

10.5.4 理论和实验数据的比较

1. 硅和铜的二次电子能量分布

图 10.7 和图 10.8 分别给出硅靶和 Cu 靶出射的二次电子的能量分布。硅靶的入射电子束的能量 $E_0 = 1000\text{eV}$,Cu 靶的入射电子束的能量 $E_0 = 300\text{eV}$。由上面描述的两种不同方法(MCSS 和 MCMC)的蒙特卡罗计算结果与 Amelio 的理论结果和实验结果[31]进行了对比。

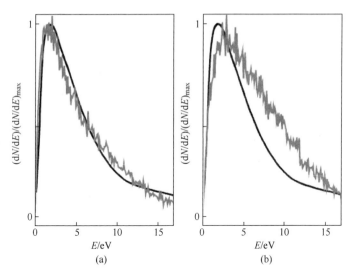

图10.7 硅靶材中发射出的二次电子的能量分布(蒙特卡罗模拟结果[35](灰色线)与Amelio的理论结果[31](黑色线)进行了对比,数据以最大值进行了归一化。初始电子能量为1000eV,能量的零点位于真空能级。入射电子束垂直于表面,收集了包括极角 0°~90°和方位角360°范围内的电子)

(a)MCSS程序;(b)MCMC程序。

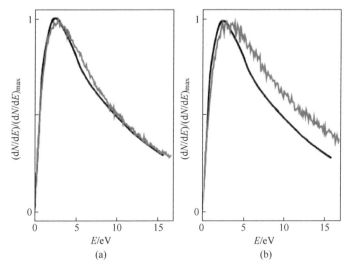

图10.8 Cu靶材中发射出的二次电子的能量分布(蒙特卡罗模拟结果[35](灰色线)与Amelio的理论结果[31](黑色线)进行了对比,数据以最大值进行了归一化,初始电子能量为300eV,能量的零点为真空能级。入射电子束垂直于表面,收集了包括极角 0°~90°和方位角360°范围内的电子)

(a)MCSS程序;(b)MCMC程序。

采用Amelio的理论做对比,MCSS方案给出的结果比MCMC程序符合得更好。事实上,对于所研究的入射能量范围和两种材料,很明显,采用MCSS程序,最大值的位置和能量分布的总体趋势与Amelio数据表现出完美的吻合。而另一方面,采用MCMC代码得到的二次电子能量分布与Amelio数据吻合得并不是非常好:最大值的位置向高能处偏移,能量分布形状也与Amelio的能量分布十分不同。

值得注意的是,Amelio还报道了二次电子能量分布的实验数据。在表10.1和表10.2中,给出了MCSS和MCMC计算出的能量分布的主要特征(最可几能量(most probable energy, MPE)和半峰宽(full width at half maximum, FWHM)),并且与Amelio报道的实验数据进行了对比。

表10.1 由两种不同方案(MCSS和MCMC)的蒙特卡罗模拟的二次电子能量分布的MPE和FWHM(实验数据由Amelio[31]报道。计算和测量值的获得均是以z向电子束辐射Si基底。入射电子束能量为1000eV)

硅(1000eV)	MCSS	MCMC	实验
最可几能量/eV	1.8	2.8	1.7
半峰宽/eV	5.3	8.5	5.0

表10.2 由两种不同方案(MCSS和MCMC)的蒙特卡罗模拟的二次电子能量分布的MPE和FWHM(实验数据由Amelio[31]报道。计算和测量值的获得均是以z向电子束辐射Cu基底。入射电子束能量为300eV)

铜(300eV)	MCSS	MCMC	实验
最可几能量/eV	2.8	3.5	2.8
半峰宽/eV	9.2	12	10

MCSS结果与Amelio[31]的理论和实验结果的吻合,归功于低能二次电子发射的各向同性,原因如下:①碰撞后效应及随后二次电子间的能量和动量转移存在随机性;②二次电子发射后,随后的传导电子间存在相互作用。

总之,目前的研究结果表明,在蒙特卡罗程序中,应该以球对称产生慢二次电子。

2. 聚甲基丙烯酸甲酯的二次电子能量分布

图10.9[36]给出了初始能量$E_0 = 1000eV$的电子束照射在聚甲基丙烯酸甲酯上的蒙特卡罗模拟的能量分布。该能谱模拟时假设初始电子束垂直于表面。能量的零点位于真空能级。在同一个图中,同时比较了蒙特卡罗模拟能谱与Joy等实验的电子能谱[37]。模拟使用了与实验相同的条件,即收集角在36°~48°范围内,以360°方位角积分(镜筒分析仪的几何形状)。蒙特卡罗很好地模拟出了起始的能谱增加、最大能量的位置以及半峰宽。另外,目前的蒙特卡罗模拟并不能模拟峰

值的精细结构,特别是不能描述最大值左边的肩部细节。

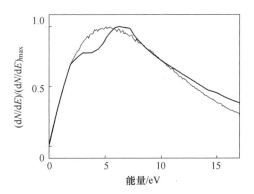

图 10.9　PMMA 靶材中发射出的二次电子的能量分布(蒙特卡罗模拟数据[36]（灰色线）与 Joy 等的实验结果[37]（黑色线）进行了对比,数据以最大值进行了归一化,初始电子能量为 1000eV,能量的零点位于真空能级,入射电子束垂直于表面,根据 Joy 等的实验收集了包括极角 36°～48°和方位角 360°范围内的电子)

10.6　小结

本章通过蒙特卡罗方法模拟获得了反射电子能量损失谱、俄歇电子谱、弹性峰电子能谱和二次电子能谱。这些能谱的模拟结果均与可用的实验数据进行了对比,并对模拟数据和实验数据的一致性进行了讨论。

参考文献

[1] R. M. Martin, ElectronicStructure. BasicTheoryandPracticalMethods (CambridgeUniversity Press, Cambridge, 2004)
[2] M. D. Crescenzi, M. N. Piancastelli, Electron Scattering and Related Spectroscopies (WorldScientific, Singapore, 1996)
[3] R. G. Newton, Scattering Theory of Wave and Particle (Springer, New York, 1982)
[4] R. Cimino, I. R. Collins, M. A. Furman, M. Pivi, F. Ruggiero, G. Rumolo, F. Zimmermann, Phys. Rev. Lett. 93, 014801 (2004)
[5] M. A. Furman, V. H. Chaplin, Phys. Rev. (Special Topics-Accelerators and Beams) 9, 034403(2006)
[6] M. Dapor, Appl. Surf. Sci. 391, 3 (2017)
[7] L. Henke, P. Lee, T. J. Tanaka, R. L. Shimabukuro, B. K. Fujikawa, At. DataNucl. DataTables 27, 1

(1982)

[8] L. Henke, P. Lee, T. J. Tanaka, R. L. Shimabukuro, B. K. Fujikawa, At. DataNucl. DataTables 54, 181 (1993)

[9] J. Daniels, C. V. Festenberg, H. Raether, K. Zeppenfeld, Springer Tracts in Modern Physics, vol. 54 (Springer, Berlin, 1970), p. 78

[10] H. Venghauss, Phys. Status Solidi B 71, 609 (1975)

[11] A. G. Marinopoulos, L. Reining, A. Rubio, V. Olevano, Phys. Rev. B 69, 245419 (2004)

[12] U. Buechner, J. Phys. C: Solid State Phys. 8, 2781 (1975)

[13] M. Dapor, L. Calliari, M. Filippi, Nucl. Instrum. Methods Phys. Res. B 255, 276 (2007)

[14] M. Filippi, L. Calliari, M. Dapor, Phys. Rev. B 75, 125406 (2007)

[15] M. H. Reilly, J. Phys. Chem. Solids 31, 1041 (1970)

[16] S. Taioli, S. Simonucci, L. Calliari, M. Dapor, Phys. Rep. 493, 237 (2010)

[17] S. Taioli, S. Simonucci, L. Calliari, M. Filippi, M. Dapor, Phys. Rev. B 79, 085432 (2009)

[18] S. Taioli, S. Simonucci, M. Dapor, Comput. Sci. Discovery 2, 015002 (2009)

[19] G. A. van Riessen, S. M. Thurgate, D. E. Ramaker, J. Electron Spectrosc. Relat. Phenom. 161, 150 (2007)

[20] G. Gergely, Prog. Surf. Sci. 71, 31 (2002)

[21] A. Jablonski, Prog. Surf. Sci. 74, 357 (2003)

[22] D. Varga, K. Tökési, Z. Berènyi, J. Tóth, L. Kövér, G. Gergely, A. Sulyok, Surf. InterfaceAnal. 31, 1019 (2001)

[23] A. Sulyok, G. Gergely, M. Menyhard, J. Tóth, D. Varga, L. Kövér, Z. Berènyi, B. Lesiak, A. Jablonski, Vacuum 63, 371 (2001)

[24] G. T. Orosz, G. Gergely, M. Menyhard, J. Tóth, D. Varga, B. Lesiak, A. Jablonski, Surf. Sci. 566–568, 544 (2004)

[25] F. Yubero, V. J. Rico, J. P. Espinós, J. Cotrino, A. R. González Elipe, Appl. Phys. Lett. 87, 084101 (2005)

[26] V. J. Rico, F. Yubero, J. P. Espinós, J. Cotrino, A. R. González-Elipe, D. Garg, S. Henry, Diam. Relat. Mater. 16, 107 (2007)

[27] D. Varga, K. Tökési, Z. Berènyi, J. Tóth, L. Kövér, Surf. Interface Anal. 38, 544 (2006)

[28] M. Filippi, L. Calliari, Surf. Interface Anal. 40, 1469 (2008)

[29] M. Filippi, L. Calliari, C. Verona, G. Verona-Rinati, Surf. Sci. 603, 2082 (2009)

[30] P. A. Wolff, Phys. Rev. 95, 56 (1954)

[31] G. F. Amelio, J. Vac. Sci. Technol. 7, 593 (1970)

[32] H. W. Streitwolf, Ann. Physik 3, 183 (1959)

[33] M. S. Chung, T. E. Everhart, J. Appl. Phys. 45, 707 (1974)

[34] R. Shimizu, Z.-J. Ding, Rep. Prog. Phys. 55, 487 (1992)

[35] M. Dapor, Nucl. Instrum. Methods Phys. Res. B 267, 3055 (2009)

[36] M. Dapor, G. I. T. Imaging Microscopy 2, 38 (2016)

[37] D. C. Joy, M. S. Prasad, H. M. Meyer III, J. Microsc. 215, 77 (2004)

第11章
应用

本章将讨论蒙特卡罗方法的一些重要应用,将重点关注以下几点:①计算硅衬底上沉积一定几何截面的抗蚀材料的线扫描;②用于 Si PN 结图像衬度的能量选择 SEM;③聚合物和生物分子系统中,二次电子沿离子轨迹径向沉积的能量密度。

11.1 临界尺度 SEM 的线宽测量

蒙特卡罗模拟二次电子发射系数的一个非常重要的应用是关于纳米测量和 SEM 临界尺寸的线宽测量[1-5]。采用本书前面描述的能量歧离方法和所有的散射主要机制(弹性电子-原子,准弹性电子-声子,以及非弹性电子-等离激元和电子-极化子的相互作用)[7-9],文献[1,6]已经针对这一问题进行了研究。能量歧离策略对应的蒙特卡罗模拟已经被纳入到 PENELOPE 程序中[10-12]。

11.1.1 临界尺度 SEM

为了给互补金属氧化物半导体(CMOS)技术提供度量标准,必须进行亚纳米级不确定度的临界尺寸测量,特别是用于电子束光刻的光刻胶(如 PMMA 线,图 11.1)的线宽测量,所以必须理解和掌握扫描电子显微镜图像形成的物理过程及模型。

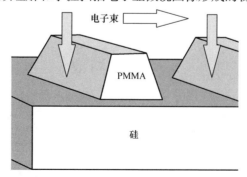

图 11.1 硅衬底上的梯形截面的介质材料(如PMMA)(线扫描垂直于该结构)

由蒙特卡罗模拟低能入射电子产生的二次电子及其输运,是迄今为止扫描电子显微镜获得图像信息的最精确的方法。

CMOS 技术中感兴趣的典型结构是硅衬底上具有梯形横截面的介质线(如 PMMA 线)。在亚纳米级不确定度的 SEM 测量中,需要研究的关键尺寸有底部线宽、顶部线宽、上升沿的斜率和下降沿的斜率。

11.1.2 横向和深度分布

二次电子成像的横向和深度分辨率与二次电子在固体内的扩散相关。因此,在这个过程之前,研究出射电子的横向和深度分布范围则变得很重要。图 11.2 和图 11.3 分别给出了二次电子发射和横向和深度分辨率的预测。

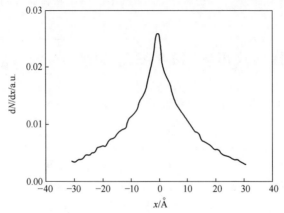

图 11.2 蒙特卡罗模拟的 PMMA 产生的二次电子的横向分布 dN/dx[6]
(电子初始能量 $E_0 = 1000\text{eV}$)

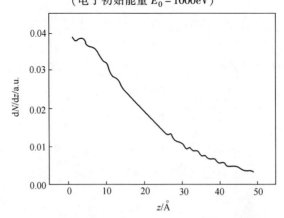

图 11.3 蒙特卡罗模拟的深度分布 dN/dz(能够从 PMMA 样品中逃逸的二次电子的生成位置分布[6]。电子初始能量 $E_0 = 1000\text{eV}$)

图11.2给出了在1000eV初始能量下,采用△型束斑扫描,从PMMA中逃逸出的二次电子的横向分布。图11.3给出了在相同能量下,能够从样品表面逃逸的二次电子生成位置的深度分布。与理论模型比较,逃逸出的二次电子的横向和深度分布范围小于50Å,这与理论模型是相吻合的。

11.1.3 硅平台的线扫描

当表面是平面时,二次电子发射系数对应的是垂直入射的值。当接近负 x 位置处的台阶,由于出射的二次电子轨迹被台阶底部边沿截断,因此产生了遮挡效应,信号达到了最小值。在台阶的顶部边沿可以观察到信号最大值。根据蒙特卡罗预测的二次电子发射系数随入射角的变化,可以观察到图11.4中间的过渡状态。

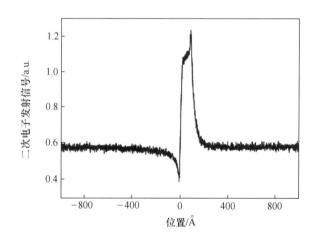

图11.4 蒙特卡罗模拟的硅平台的线扫描(Si平台的侧壁角度为10°,入射电子能量为700eV。信号的形状依赖于入射电子的角度、能量、入射点位置和几何结构。模拟是按照笔性线束的方式进行。感谢苏黎世瑞士联邦理工学院的 Mauro Ciappa 和 Emre Ilgüsatiroglu)

11.1.4 硅衬底上 PMMA 线的线扫描

图 11.5 给出了硅衬底上的 3 个相邻 PMMA 线的线扫描模拟结果。相邻线间的额外几何遮挡效应可以在内部边缘信号中观察到。

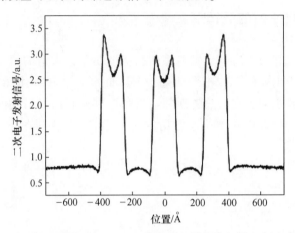

图 11.5 蒙特卡罗模拟的以 500eV 的笔型电子束线扫描 Si 衬底的 PMMA 线(高 200Å,底宽 160Å,顶宽 125Å,侧壁角度 5°。感谢苏黎世瑞士联邦理工学院的 Mauro Ciappa 和 Emre Ilgüsatiroglu)

11.2 在能量选择扫描电子显微镜中的应用

蒙特卡罗模拟的二次电子能量分布和发射系数在半导体器件的设计和表征方面具有重要应用,特别是在纳米尺度下研究掺杂原子的浓度分布,该应用称为二维掺杂映射。二维掺杂映射是一种基于二次电子发射的技术,它可以快速获得半导体中的掺杂分布。掺杂衬度可以通过蒙特卡罗模拟中的电子亲和势解释,以计算掺杂硅的二次电子发射[13]。

11.2.1 掺杂衬度

在纳米尺度定量映射掺杂原子浓度分布的一个可靠方法就是采用 SEM 中二次电子的衬度[14-20]。PN 结的二次电子发射系数是变化的[21]。P 型区相对于 N 型区发射更多的二次电子。因此,P 型区的 SEM 图像更亮。

衬度 C_{pn} 的计算公式为

$$C_{\mathrm{pn}} = 200 \frac{I_{\mathrm{p}} - I_{\mathrm{n}}}{I_{\mathrm{p}} + I_{\mathrm{n}}} \tag{11.1}$$

式中：I_{p} 和 I_{n} 分别为 P 型区和 N 型区的二次电子发射系数。

增加电子亲和势会降低二次电子能谱低能段的强度，这是由于电子从材料内部到达表面时遇到了增加的势垒。二次电子能谱的积分也就是二次电子发射系数，所以随着电子亲和势的增加，二次电子发射系数减小。由于在 PN 结处费米能级平衡，P 型区相对于 N 型区具有更低的电子亲和势，因此，P 型区比 N 型区发射更多的二次电子，这已在蒙特卡罗模拟中得到证实。

实际上，PN 结中决定衬度的是电子亲和势的差异，即内建电势 eV_{bi}，而不是电子亲和势的绝对值。对于简单的 PN 结，其内建电势是很容易计算的。在充分电离的情况下，内建电势由下式给出[22]，即

$$eV_{\mathrm{bi}} = k_{\mathrm{B}} T \ln \frac{N_{\mathrm{a}} N_{\mathrm{d}}}{N_{\mathrm{i}}^2} \tag{11.2}$$

式中：k_{B} 为玻耳兹曼常数；T 为热力学温度；N_{a}、N_{d} 和 N_{i} 分别为受主掺杂载流子浓度、施主掺杂载流子浓度和本征载流子浓度。

如果 N 区和 P 区的接触区的掺杂状态已知，则由式(11.2)可以计算出内建电势。

已报道的纯硅（未掺杂）的电子亲和势为 4.05eV[23]。蒙特卡罗模拟中，对于电子能量 $E_0 = 1000\mathrm{eV}$，P 型样品采用 $\chi = 3.75\mathrm{eV}$，N 型样品采用 $\chi = 4.35\mathrm{eV}$。采用与上面给出的电子亲和势一致的 P 型和 N 型样品，在同一电子能量下，Elliott 等报道的衬度为 $C_{\mathrm{pn}} = (16 \pm 3)\%$[20]，蒙特卡罗模拟的衬度为 $C_{\mathrm{pn}} = (17 \pm 3)\%$[13]，模拟结果与 Elliott 等的实验结果一致。

11.2.2 能量选择扫描电子显微镜

Rodenburg 等[24]的实验表明，仅考虑低能电子的 PN 结的图像衬度，显著高于标准条件下（所有能量的二次电子均参与图像形成）获得的衬度。因此，在给定的（低）能量窗口中选择二次电子形成图像，代替所有二次电子形成图像，可以获得更精确的量化对比度。

众所周知，由于表面能带弯曲，因此在接近表面处内建电势的值小于式(11.2)的计算值[25]。由于表面能带弯曲降低了内建电势，因此从表面区域发射的二次电子并没有完全被内建电势阻挡。对于纯硅样品，图 11.6 给出了采用蒙特卡罗模拟的能谱。在深度 1Å 处产生的二次电子分布的最大值，约为 10eV。可以观察到，在 20Å 深度产生的二次电子分布的最大值约为 2eV。因此，以更低能量离开材料的二次电子在样品中产生的深度比高能的二次电子更深。本书对于 Si

的蒙特卡罗模拟结果与其他作者报道的 $Cu^{[26]}$ 和 $SiO_2^{[27]}$ 的结果相似。根据实验观察，V_{bi} 越大，衬度越高。这是由于高能量电子是在接近于表面产生的，表面处的内建电势更小，低能量的二次电子被选择将提高掺杂衬度，这也与 Rodenburg 等[24]提供的实验现象完全一致。

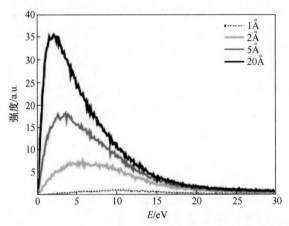

图 11.6　蒙特卡罗模拟的 Si 不同深度处产生的二次电子对电子出射能谱的贡献[24]

11.3　沿离子轨迹径向沉积的能量密度

聚合物和生物分子系统中离子的电离产额在接近离子轨迹末端时达到最大值，称为布拉格峰。许多电子是沿着材料中 MeV 离子的路径产生。它们产生了进一步电离级联，从而产生了大量的二次电子。这些能量极低的二次电子可通过游离电子的附着对生物分子产生损伤。通过详细跟踪所有二次电子的运动，可以获得它们沿着离子轨迹在材料中径向沉积的能量密度。

11.3.1　离子轨迹模拟和布拉格峰

高能离子与物质的相互作用存在于我们日常生活的许多方面。宇宙辐射含有大量的抛射物[28]。99%的原宇宙射线是原子核，约 1%是电子。90%的原子核是氢核(质子)，9%是 α 粒子，1%是重元素的原子核。它们产生的二次粒子流可以穿透大气层到达地球表面。这些粒子中的许多还可以到达空间任务中存在的精密微电子设备，以及载人空间任务的工作人员。

除了这些潜在的危险，恰当使用的高能抛射物可以被用于表征和改变材料的特性。此外,高速离子束是放疗中的一种有用工具[29-37];特别是,离子束癌症治疗是基于离子束在凝聚态靶中的能量沉积的特征模式。深度—剂量曲线在粒子轨迹的末端出现了一个尖锐而狭窄的最大值,称为布拉格峰,接近于离子的最大范围。离子束能量沉积模式的这一特殊特征被用于最大限度地增加肿瘤区域的损伤,同时也最大限度地减少辐照对病变细胞附近健康组织的影响[38]。

11.3.2　游离电子吸附对生物分子的损伤

从建模的角度,带电粒子与凝聚态物质的相互作用是一个非常棘手和复杂的多尺度问题。特别是,强子治疗涉及的生物材料及相关的生物物理过程非常复杂,包括核分裂反应、二次电子发射、细胞损伤以及大分子(如 DNA、蛋白质等)的修复机制等。

众所周知,生物损伤的相关部分是由二次电子造成的。特别是,低能的二次电子在游离电子附着中起着重要的作用[39-40]。

11.3.3　电子输运及进一步产生的模拟

建立径向能量沉积曲线的第一步是由初始高能离子产生二次电子。快速质子通过靶材的运动通过 SEICS 程序(simulation of energetic ions and clusters through solids)程序进行了详细地说明,该代码已在其他地方介绍过[41-42]。SEICS 程序结合了分子动力学和蒙特卡罗技术,包含了抛射物的电子能量损失(包括随机波动)、多重库仑散射和弹性能量损失、电子电荷交换过程,以及由入射的抛射物引起的核裂变反应。每个质子产生的电子的能量分布可从相应的横截面中获得,并根据最近开发的半经验模型进行评估[43]。

由于与靶原子(电子和原子核)的相互作用,抛射物的能量随着它在靶上的移动而降低。因此,质子束的能量分布随着它到达靶更深区域而变宽。由于电离截面是抛射物能量的函数,因此,通过将每个深度处的初始质子束的能量分布(通过 SEICS 程序获得)与相应电子能量下的微分电离截面进行卷积,从而获得沿质子轨迹产生的电子能谱。

由于快速质子沿其轨迹传递能量,电子由靶原子的电离而被激发。这些电子离开与靶材发生弹性和非弹性散射的地方,并产生二次电子。这些电子反过来又产生新的电离,从而导致电子倍增的发生。二次电子发射的模拟遵循整个电子级联的过程。如上所述,电子通过以下 3 个过程损失能量:①二次电子发射:在这个过程中,没有能量沉积到材料中,初始电子失去的能量被转移到二次电子上并被输运;②声子的产生:这个过程会将能量沉积到材料中;③捕获电子:这个过程也会将能量沉积到材料中。转移到每个二次电子的能量都被从发生碰撞的位置转移出去,只有在每个二次电子与声子相互作用或被束缚在固体中时,能量才会沉积到材料中[44-45]。

11.3.4 高能质子束产生的二次电子在PMMA中沉积能量的径向分布

根据文献[43]中描述的半经验模型,评估了每个质子产生的电子的能量分布。其累积概率可用于计算每个电子的初始能量。为了计算沿着质子轨迹沉积在PMMA靶上的径向能量密度,需要追踪二次电子倍增过程。蒙特卡罗模拟的3MeV质子束轰击PMMA靶时二次电子沉积的径向能量密度如图11.7所示,同时在该图中给出了Udalagama等的结果以进行比较。

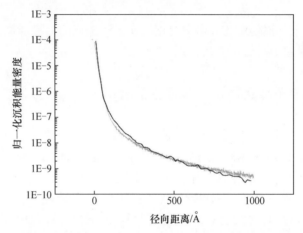

图11.7 二次电子在远离PMMA中3MeV质子轨迹的给定径向距离处沉积的能量密度(灰色线:蒙特卡罗模拟数据;黑色线:Udalagama等的数据;质子与PMMA靶原子撞击后产生的二次电子的初始能量分布由文献[43]描述的半经验模型计算,该模型由文献[43]的作者提供)

11.4 小结

本章描述了蒙特卡罗方法在纳米测量、掺杂衬度和质子诊疗方面的一些应用。

本章讨论了蒙特卡罗程序在某些基本方面的可能应用,特别是在非常低入射能量下通过二次电子成像进行的线扫描测量。为了在CMOS工艺中采用精确的纳米测量提取关键尺寸的信息,本章采用蒙特卡罗研究了扫描电子显微镜的物理图像信息[6]。

此外,蒙特卡罗模拟表明离开材料的二次电子的能量越低,其在材料中产生的位置相对于高能量的二次电子越深。由于接近表面处的内建电势更小,因此选择低能量的二次电子,而不是所有的二次电子形成图像,可以提高衬度,从而改进二维掺杂原子分布的测量质量[24]。

最后,从对质子在PMMA中运动时出射的电子能量和角度分布的真实描述出发[43],通过二次电子发射模拟计算了离子轨迹周围靶材不同深度处的电子能量的沉积(由于所产生的二次电子的整个级联效应)。假设了能量被沉积在电子与声子相互作用的位置或被固体捕获的位置。

参考文献

[1] A. Koschik, M. Ciappa, S. Holzer, M. Dapor, W. Fichtner, Proc. SPIE 7729, 77290X-1 (2010)

[2] C. G. Frase, D. Gnieser, H. Bosse, J. Phys. D: Appl. Phys. 42, 183001 (2009)

[3] J. S. Villarrubia, A. E. Vladár, B. D. Bunday et al., Proc. SPIE 5375, 199 (2004)

[4] J. S. Villarrubia, A. E. Vladár, M. T. Postek, Surf. Interface Anal. 37, 951 (2005)

[5] J. S. Villarrubia, N. Ritchie, J. R. Lowney, Proc. SPIE 6518, 65180K (2007)

[6] M. Ciappa, A. Koschik, M. Dapor, W. Fichtner, Microelectron. Reliab. 50, 1407 (2010)

[7] J. P. Ganachaud, A. Mokrani, Surf. Sci. 334, 329 (1995)

[8] M. Dapor, M. Ciappa, W. Fichtner, J. Micro/Nanolith, MEMS MOEMS 9, 023001 (2010)

[9] M. Dapor, Nucl. Instrum. Methods Phys. Res. B 269, 1668 (2011)

[10] F. Salvat, J. M. Fernández-Varea, E. Acosta, J. Sempau, PENELOPE: A Code System for Monte Carlo Simulation of Electron and Photon Transport (Nuclear Energy Agency-Organisation for Economic Cooperation and Development Publishing, Paris, 2001)

[11] J. Baró, J. Sempau, J. M. Fernández-Varea, F. Salvat, Nucl. Instrum. Methods Phys. Res. B 84, 465 (1994)

[12] J. M. Fernández-Varea J. Baró, J. Sempau, F. Salvat, Nucl. Instrum. Methods Phys. Res. B 100, 31 (1995)

[13] M. Dapor, B. J. Inkson, C. Rodenburg, J. M. Rodenburg, Eur. Lett. 82, 30006 (2008)

[14] A. Howie, Microsc. Microanal. 6, 291 (2000)

[15] A. Shih, J. Yater, P. Pehrrson, J. Buttler, C. Hor, R. Abrams, J. Appl. Phys. 82, 1860 (1997)

[16] F. Iwase, Y. Nakamura, S. Furuya, Appl. Phys. Lett. 64, 1404 (1994)

[17] F. Iwase, Y. Nakamura, Appl. Phys. Lett. 71, 2142 (1997)

[18] D. D. Perovic, M. R. Castell, A. Howie, C. Lavoie, T. Tiedje, J. S. W. Cole, Ultramicrosco-

py 58, 104 (1995)

[19] D. Venables, H. Jain, D. C. Collins, J. Vac. Sci. Technol. B 16, 362 (1998)

[20] S. L. Elliott, R. F. Broom, C. J. Humphreys, J. Appl. Phys. 91, 9116 (2002)

[21] T. H. P. Chang, W. C. Nixon, Solid-State Electron. 10, 701 (1967)

[22] N. Ashcroft, N. D. Mermin, Solid State Physics, (W. B Saunders, Philadelphia, 1976)

[23] P. Kazemian, Progress towards quantitive dopant profiling with the scanning electron microscope. Doctorate Dissertation, University of Cambridge, 2006

[24] C. Rodenburg, M. A. E. Jepson, E. G. T. Bosch, M. Dapor, Ultramicroscopy 110, 1185 (2010)

[25] A. K. W. Chee, C. Rodenburg, C. J. Humphreys, Mater. Res. Soc. Symp. Proc. 1026, C04-02(2008)

[26] T. Koshikawa, R. Shimizu, J. Phys. D. Appl. Phys. 7, 1303 (1974)

[27] H. J. Fitting, E. Schreiber, JCh. Kuhr, A. vonCzarnowski, J. Electron Spectrosc. Relat. Phenom. 119, 35 (2001)

[28] L. Anchordoqui, T. Paul, S. Reucroft, J. Swain, Int. J. Mod. Phys. A 18, 2229 (2003)

[29] T. Kanai, Y. Furusawa, K. Fukutsu, H. Itsukaichi, K. Eguchi-Kasai, H. Ohara, Radiat. Res. 147, 78 (1997)

[30] M. Krämer, O. Jäkel, T. Haberer, G. Kraft, D. Schardt, U. Weber, Phys. Med. Biol. 45, 3299(2000)

[31] I. Turesson, K. -A. Johansson, S. Mattsson, Acta Oncol. 42, 107 (2003)

[32] A. Brahme, Int. J. Radiat. Oncology*Biology*Physics 58, 603 (2004)

[33] D. Schulz-Ertner, H. Tsujii, J. Clin. Oncol. 25, 953 (2007)

[34] T. Elsässer, W. K. Weyrather, T. Friedrich, M. Durante, G. Iancu, M. Krämer, G. Kragl, S. Brons, M. Winter, K. -J. Weber, M. Scholz, Int. J. Radiat. Oncology*Biology*Physics 78, 1177 (2010)

[35] M. Durante, J. Loeffler, Nat. Rev. Clin. Oncol. 7, 37 (2010)

[36] J. S. Loeffler, M. Durante, Nat. Rev. Clin. Oncol. 10, 411 (2013)

[37] E. Scifoni, Mod. Phys. Lett. A 30, 1540019 (2015)

[38] R. Baskar, K. A. Lee, R. Yeo, K. -W. Yeoh, Int. J. Med. Sci. 9, 193 (2012)

[39] B. Boudaïffa, P. Cloutier, D. Hunting, M. A. Huels, L. Sanche, Science 287, 1658 (2000)

[40] X. Pan, P. Cloutier, D. Hunting, L. Sanche, Phys. Rev. Lett. 90, 20812 (2003)

[41] R. Garcia-Molina, I. Abril, S. Heredia-Avalos, I. Kyriakou, D. Emfietzoglou, Phys. Med. Biol. 56, 6475 (2011)

[42] R. Garcia-Molina, I. Abril, P. deVera, I. Kyriakou, D. Emfietzoglou, Proton beam irradiation of liquid water: a combined molecular dynamics and Monte Carlo simulation study of the Bragg peak profile, ch. 8, in Fast Ion-Atom and Ion-Molecule Collisions, ed. by D. Belkic (World Scientific Publishing Company, Singapore, 2012), pp. 271-304.

[43] P. de Vera, R. Garcia-Molina, I. Abril, A. V. Solov'yov, Phys. Rev. Lett. 110, 148104 (2013)
[44] M. Dapor, I. Abril, P. de Vera, R. Garcia-Molina, Eur. Phys. J. D 69, 165 (2015)
[45] M. Dapor, I. Abril, P. de Vera, R. Garcia-Molina, Phys. Rev. B 96, 064113 (2017)
[46] C. Udalagama, A. A. Bettiol, F. Watt, Phys. Rev. B 80, 224107 (2009)

附录A
一阶玻恩近似和卢瑟福散射截面

卢瑟福公式代表了在一阶玻恩近似下求解薛定谔方程得到的微分弹性散射截面[1]。

A.1 弹性散射截面

固体角 $d\Omega$ 取决于散射角 $[\theta, \theta+d\theta]$ 和方位角 $[\phi, \phi+d\phi]$。微分弹性散射截面 $d\sigma/d\Omega$ 定义为单位时间固体角 $d\Omega$ 内(除以 $d\Omega$)出射粒子的通量与入射粒子通量的比率。

碰撞后单位时间内出现在固体角 $d\Omega$ 的粒子通量取决于从原子核中心向外的电流密度分量 j_r。单位时间内出现在固体角 $d\Omega$ 的电子数量由 $j_r r^2 d\Omega$ 给出(注意,$r^2 d\Omega$ 是垂直于半径的截面面积)。

考虑一束沿 z 方向入射的电子,归一化为每单位体积内一个粒子。定义 $K = mv/\hbar$ 为 z 方向的电子动量,其中 v 为电子速度,m 为电子质量,$\hbar$ 为普朗克常数除以 2π。这束粒子可以用平面波 $\exp(iKz)$ 表示。

由于入射波束被归一化为单位体积内一个粒子,那么电子速度 v 就是入射通量,则

$$\frac{d\sigma}{d\Omega} = \frac{j_r r^2 d\Omega}{v d\sigma} = \frac{j_r r^2}{v} \tag{A.1}$$

在离原子核很远的地方,势能 $V(r)$ 可以忽略不计,散射粒子可以通过球面波描述,即与 $\exp(iKr)/r$ 成正比的函数。如果 $f(\theta,\varphi)$ 是比例常数(散射振幅),那么整个散射过程(即入射电子和散射电子)的波函数 $\Psi(r)$ 满足边界条件:

$$\psi(r) \underset{r \to \infty}{\sim} \exp(iKz) + f(\theta,\phi) \frac{\exp(iKr)}{r} \tag{A.2}$$

电子位置概率密度 P 由 $|\Psi|^2 = \Psi^* \Psi$ 给出,电流密度 $\boldsymbol{j}(\boldsymbol{r},t)$ 可表示为

$$\boldsymbol{j}(\boldsymbol{r},t) = \frac{i\hbar}{2m}[(\nabla \psi^*)\psi - \psi^*(\nabla \psi)] \tag{A.3}$$

下面,计算电流密度 $\boldsymbol{j}$ 的径向分量 j_r:

$$j_r = \frac{i\hbar}{2m}\{f(\theta,\phi)\frac{\exp(iKr)}{r}\frac{\partial}{\partial r}\left[f^*(\theta,\phi)\frac{\exp(iKr)}{r}\right] -$$
$$f^*(\theta,\phi)\frac{\exp(-iKr)}{r}\frac{\partial}{\partial r}\left[f(\theta,\phi)\frac{\exp(iKr)}{r}\right]\} \quad (A.4)$$
$$= \frac{v|f(\theta,\phi)|^2}{r^2}$$

将式(A.4)与式(A.1)比较可知,微分弹性散射截面为 $f(\theta,\phi)$ 模量的平方:

$$\frac{d\sigma}{d\Omega} = |f(\theta,\phi)|^2 \quad (A.5)$$

A.2 第一玻恩近似

第一玻恩近似属于一种高能近似。如果 E 为入射电子能量,e 为电子电荷,a_0 为玻尔半径,Z 为靶原子序数,对于电子—原子弹性散射的情况,第一玻恩近似有效性的主要判据为[2]

$$E \gg \frac{e^2}{2a_0}Z^2 \quad (A.6)$$

A.3 积分方程法

本节介绍格林函数和积分方程法,从薛定谔方程开始,有

$$(\nabla^2 + K^2)\psi(\boldsymbol{r}) = \frac{2m}{\hbar^2}V(\boldsymbol{r})\psi(\boldsymbol{r}) \quad (A.7)$$

边界条件由式(A.2)表示,可以表明这是一个等价于以下积分方程的问题:

$$\psi(\boldsymbol{r}) = \exp(iKz) + \frac{2m}{\hbar^2}\int d^3r' g(\boldsymbol{r},\boldsymbol{r}')V(\boldsymbol{r}')\psi(\boldsymbol{r}') \quad (A.8)$$

其中

$$g(\boldsymbol{r},\boldsymbol{r}') = -\frac{\exp(iK|\boldsymbol{r}-\boldsymbol{r}'|)}{4\pi|\boldsymbol{r}-\boldsymbol{r}'|} \quad (A.9)$$

式(A.9)是算子 $\nabla^2 + K^2$ 的格林函数。众所周知,这个算子满足以下方程

$$(\nabla^2 + K^2)g(\boldsymbol{r},\boldsymbol{r}') = \delta(\boldsymbol{r}-\boldsymbol{r}') \quad (A.10)$$

式中,$\delta(\boldsymbol{r}-\boldsymbol{r}')$ 为狄拉克 δ 函数。

将算子 $\nabla^2 + K^2$ 应用于由积分方程式(A.8)定义的函数 $\Psi(\boldsymbol{r})$,则

$$(\nabla^2 + K^2)\psi(\mathbf{r}) = (\nabla^2 + K^2)\exp(iKz) + \frac{2m}{\hbar^2}\int d^3r'(\nabla^2 + K^2)g(\mathbf{r},\mathbf{r}')V(\mathbf{r}')\psi(\mathbf{r}') \quad (A.11)$$

将算子 ∇^2 应用于平面波 $\exp(iKz)$，得到

$$\nabla^2\exp(iKz) = \frac{\partial^2}{\partial z^2}\exp(iKz) = -K^2\exp(iKz) \quad (A.12)$$

则可以写为

$$(\nabla^2 + K^2)\exp(iKz) = 0 \quad (A.13)$$

因此，有

$$\begin{aligned}(\nabla^2 + K^2)\psi(\mathbf{r}) &= \frac{2m}{\hbar^2}\int d^3r'(\nabla^2 + K^2)g(\mathbf{r},\mathbf{r}')V(\mathbf{r}')\psi(\mathbf{r}') \\ &= \frac{2m}{\hbar^2}\int d^3r'\delta(\mathbf{r}-\mathbf{r}')V(\mathbf{r}')\psi(\mathbf{r}') \\ &= \frac{2m}{\hbar^2}V(\mathbf{r})\psi(\mathbf{r})\end{aligned} \quad (A.14)$$

对于边界条件，有

$$\begin{aligned}|\mathbf{r}-\mathbf{r}'| &= \sqrt{r^2 - 2\mathbf{r}\cdot\mathbf{r}' + r'^2} \\ &= r\sqrt{1 - \frac{2\hat{\mathbf{r}}\cdot\mathbf{r}'}{r} + \frac{r'^2}{r^2}} \\ &\sim r\left(1 - \frac{\hat{\mathbf{r}}\cdot\mathbf{r}'}{r} + O\left(\frac{1}{r^2}\right)\right)\end{aligned} \quad (A.15)$$

由式(A.15)可知

$$\hat{\mathbf{r}} = \frac{\mathbf{r}}{r} \quad (A.16)$$

引入 $\mathcal{K}$，出射方向波数的单位矢量为 $\hat{\mathbf{r}}$，则

$$\mathcal{K} = K\hat{\mathbf{r}} \quad (A.17)$$

因此算子 $\nabla^2 + K^2$ 的格林函数由式(A.9)表示，具有如下的渐进特性：

$$g(\mathbf{r},\mathbf{r}') \underset{r\to\infty}{\sim} -\frac{\exp(iKr - i\mathcal{K}\cdot\mathbf{r}')}{4\pi r} \quad (A.18)$$

下面将格林函数的渐近特性式(A.18)引入到积分方程式(A.8)中，有

$$\psi(\mathbf{r}) \underset{r\to\infty}{\sim} \exp(iKz) - \frac{2m}{\hbar^2}\int d^3r' \frac{\exp(iKr - i\mathcal{K}\cdot\mathbf{r}')}{4\pi r}V(\mathbf{r}')\psi(\mathbf{r}') \quad (A.19)$$

从下式

$$\int d^3 r' \frac{\exp(iKr - i\mathcal{K} \cdot r')}{4\pi r} V(r')\psi(r')$$
$$= \frac{\exp(iKr)}{r} \int d^3 r' \frac{\exp(-i\mathcal{K} \cdot r')}{4\pi} V(r')\psi(r') \quad (A.20)$$

可以推断出,散射振幅为

$$f(\theta, \phi) = -\frac{m}{2\pi\hbar^2} \int d^3 r \exp(-i\mathcal{K} \cdot r) V(r)\psi(r) \quad (A.21)$$

则满足边界条件。

在式(A.21)中,$\mathcal{K}$ 为散射粒子的波数,$\Psi(r)$ 为散射波函数。

假设电子动能与原子势能间的比值足够高,以至于散射很弱,$\Psi(r)$ 与入射的平面波 $\exp(iKz)$ 差别不大。这个假设基于一阶玻恩近似,即

$$\psi(r) = \exp(iKz) = \exp(i\boldsymbol{K} \cdot r) \quad (A.22)$$

利用第一玻恩近似,采用式(A.22)表示,则式(A.21)变为

$$f(\theta, \phi) = -\frac{m}{2\pi\hbar^2} \int d^3 r \exp(-i\mathcal{K} \cdot r) V(r) \exp(i\boldsymbol{K} \cdot r) \quad (A.23)$$

假设 $\hbar q$ 表示入射电子损失的动量:

$$\hbar \boldsymbol{q} = \hbar(\boldsymbol{K} - \mathcal{K}) \quad (A.24)$$

对于快粒子,可以写为

$$f(\boldsymbol{q}) = f(\theta, \phi) = -\frac{m}{2\pi\hbar^2} \int d^3 r \exp(-i\boldsymbol{q} \cdot r) V(r) \quad (A.25)$$

感兴趣的是中心势能,则

$$V(\boldsymbol{r}) = V(r) \quad (A.26)$$

因此,有

$$f(\theta, \phi) = f(\theta)$$
$$= -\frac{m}{2\pi\hbar^2} \int_0^{2\pi} d\varphi \int_0^{\pi} \sin\vartheta d\vartheta \int_0^{\infty} r^2 dr \exp(iqr\cos\vartheta) V(r) \quad (A.27)$$

对 φ 和 ϑ 进行积分,得到

$$f(\theta) = -\frac{2m}{\hbar^2 q} \int_0^{\infty} \sin(qr) V(r) r dr \quad (A.28)$$

A.4 卢瑟福公式

下面计算屏蔽库仑势在第一玻恩近似中的微分弹性散射截面,如类温策尔势[3]:

$$V(r) = -\frac{Ze^2}{r}\exp\left(-\frac{r}{a}\right) \qquad (A.29)$$

式中,指数因子代表了轨道电子对原子屏蔽的粗略近似,而参数 a 可表示为

$$a = \frac{a_0}{Z^{1/3}} \qquad (A.30)$$

式中: $a_0 = \hbar^2/me^2$ 为玻尔半径。

下面计算散射振幅:

$$f(\theta) = \frac{2m}{\hbar^2}\frac{Ze^2}{q}\int_0^\infty \sin(qr)\exp\left(-\frac{r}{a}\right)dr \qquad (A.31)$$

则

$$\int_0^\infty \sin(qr)\exp\left(-\frac{r}{a}\right)dr = \frac{q}{q^2 + (1/a)^2} \qquad (A.32)$$

可以推导出

$$\frac{d\sigma}{d\Omega} = |f(\theta)|^2 = \frac{4m^2}{\hbar^4}\frac{Z^2e^4}{[q^2+(1/a)^2]^2} \qquad (A.33)$$

另外,有 $|K|=|\mathcal{K}|$ 和 $\boldsymbol{q} = \boldsymbol{K} - \boldsymbol{\mathcal{K}}$,则

$$\begin{aligned}\boldsymbol{q}^2 &= (\boldsymbol{K}-\boldsymbol{\mathcal{K}})\cdot(\boldsymbol{K}-\boldsymbol{\mathcal{K}}) \\ &= K^2 + \mathcal{K}^2 - 2K\mathcal{K}\cos\theta \\ &= 2K^2(1-\cos\theta)\end{aligned} \qquad (A.34)$$

式中: θ 为散射角。

电子的动能由下式给出:

$$E = \frac{\hbar^2 K^2}{2m} \qquad (A.35)$$

因此,电子束与类温策尔原子势碰撞的微分弹性散射截面在一阶玻恩近似下,有

$$\frac{d\sigma}{d\Omega} = \frac{Z^2 e^4}{4E^2}\frac{1}{(1-\cos\theta+\alpha)^2} \qquad (A.36)$$

式(A.36)中,α 为屏蔽参数,由下式给出:

$$\alpha = \frac{1}{2K^2a^2} = \frac{me^4\pi^2}{h^2}\frac{Z^{2/3}}{E} \qquad (A.37)$$

令式(A.36)中的 $\alpha=0$,则得到了经典的卢瑟福公式,即

$$\frac{d\sigma}{d\Omega} = \frac{Z^2e^4}{4E^2}\frac{1}{(1-\cos\theta)^2} \qquad (A.38)$$

总的弹性散射截面为

$$\sigma_{el} = \int \frac{d\sigma}{d\Omega} d\Omega \tag{A.39}$$

对于类温策尔势,总的弹性散射截面可以很容易计算出,即

$$\sigma_{el} = \frac{Z^2 e^4}{4E^2} \int_0^{2\pi} d\phi \int_0^{\pi} \sin\vartheta d\vartheta \frac{1}{(1 - \cos\vartheta + \alpha)^2}$$
$$= \frac{\pi Z^2 e^4}{E^2} \frac{1}{\alpha(2 + \alpha)} \tag{A.40}$$

如果 $\alpha \to 0$,则微分弹性散射截面由经典的卢瑟福公式给出,总弹性散射截面发散,反映了纯库仑势的长程相关性。

弹性平均自由程是总弹性散射截面的倒数除以靶材单位体积内的原子数 N,即

$$\lambda_{el} = \frac{1}{N\sigma_{el}} = \frac{\alpha(2 + \alpha)E^2}{N\pi e^4 Z^2} \tag{A.41}$$

A.5 小结

本附录通过在一阶玻恩近似的中心场求解薛定谔方程,推导了卢瑟福公式。

参考文献

[1] J. E. G. Farina, *The International Encyclopedia of Physical Chemistry and Chemical Physics*, vol. 4 (Pergamon, Oxford, 1973)
[2] D. Bohm, *Quantum Theory* (Dover, New York, 1989)
[3] G. Wentzel, Z. Phys. **40**, 590 (1927)

附录B
Mott理论

文献[1]是 Mott 理论的最早版本(也就是相对论分波展开法,即 RPWEM),Mott 理论的细节和应用可参见文献[2-5]。

根据 Mott 理论,弹性散射过程可通过计算相移描述。如果以 r 代表径向坐标,由于已知径向波函数在较大 r 时的渐进行为,通过求解中心静电场的狄拉克方程可以获得相移,该中心场具有可忽略原子势的较大半径。

B.1 中心势场的狄拉克方程

为了恰当地处理量子相对论的散射理论,需要知道电子在由中心势能 $e\varphi(r) = V(r)$ 描述的中心静电场中,狄拉克方程的假定形式。此处和下一节将使用自然单位 $\hbar = c = 1$,因为它们对于量子相对论方程特别方便。

需要提醒一下,在存在由四势垒 (φ, A) 描述的电磁场的情况下,描述-1/2 自旋粒子的狄拉克哈密顿方程为

$$H = e\varphi + \boldsymbol{\alpha} \cdot (\boldsymbol{p} - e\boldsymbol{A}) + \boldsymbol{\beta} m \tag{B.1}$$

式中,4×4 矩阵 $\boldsymbol{\alpha}$ 和 $\boldsymbol{\beta}$ 可表示为

$$\boldsymbol{\alpha}^j = \begin{pmatrix} 0 & \boldsymbol{\sigma}^j \\ \boldsymbol{\sigma}^j & 0 \end{pmatrix} \tag{B.2}$$

$$\boldsymbol{\beta} = \begin{pmatrix} \boldsymbol{I} & 0 \\ 0 & -\boldsymbol{I} \end{pmatrix} \tag{B.3}$$

注意,$(\boldsymbol{\sigma}_x, \boldsymbol{\sigma}_y, \boldsymbol{\sigma}_z) = (\boldsymbol{\sigma}_1^1, \boldsymbol{\sigma}_2^2, \boldsymbol{\sigma}_3^3)$ 是 2×2 Pauli 矩阵,$\boldsymbol{I}$ 是 2×2 单位矩阵。

下面定义算子 $\mathcal{K}$:

$$\mathcal{K} = \boldsymbol{\beta}(1 + \boldsymbol{\sigma} \cdot \boldsymbol{L}) \tag{B.4}$$

式中:$\boldsymbol{L}$ 为电子轨道角动量。

对于一个处于中心静电场中的电子,可以证明

$$2\frac{d\boldsymbol{L}}{dt} = -\frac{d\boldsymbol{\sigma}}{dt} \tag{B.5}$$

因此,总角动量定义为 $J = L + (1/2)\sigma$,它是运动常量。另外,有

$$J^2 - L^2 = \sigma \cdot L + \frac{3}{4} \tag{B.6}$$

可以推导出

$$\mathcal{K} = \beta\left(J^2 - L^2 + \frac{1}{4}\right) \tag{B.7}$$

$\mathcal{K}$ 和 H 互换,因此也是运动常量。

下面,定义径向动量算子 p_r:

$$p_r \equiv -\mathrm{i}\frac{1}{r}\frac{\partial}{\partial r}r = \frac{\boldsymbol{r} \cdot \boldsymbol{p} - \mathrm{i}}{r} \tag{B.8}$$

引入 $\boldsymbol{\alpha}$ 算子的径向分量 α_r,其中

$$\alpha_r = \frac{\boldsymbol{\alpha} \cdot \boldsymbol{r}}{r} \tag{B.9}$$

满足

$$\alpha_r^2 = 1 \tag{B.10}$$

对于任意一对矢量 $\boldsymbol{a}$ 和 $\boldsymbol{b}$,下列方程成立:

$$(\boldsymbol{\sigma} \cdot \boldsymbol{a}) \cdot (\boldsymbol{\sigma} \cdot \boldsymbol{b}) = \boldsymbol{a} \cdot \boldsymbol{b} + \mathrm{i}\sigma \cdot \boldsymbol{a} \times \boldsymbol{b} \tag{B.11}$$

$$(\boldsymbol{\alpha} \cdot \boldsymbol{a}) \cdot (\boldsymbol{\alpha} \cdot \boldsymbol{b}) = (\boldsymbol{\sigma} \cdot \boldsymbol{a})(\boldsymbol{\sigma} \cdot \boldsymbol{b}) \tag{B.12}$$

因此,有

$$(\boldsymbol{\alpha} \cdot \boldsymbol{r}) \cdot (\boldsymbol{\alpha} \cdot \boldsymbol{p}) = rp_r + \mathrm{i}\boldsymbol{\beta} \cdot \mathcal{K} \tag{B.13}$$

式(B.13)等同于

$$(\boldsymbol{\alpha} \cdot \boldsymbol{p}) = \alpha_r\left(p_r + \frac{\mathrm{i}\boldsymbol{\beta} \cdot \mathcal{K}}{r}\right) \tag{B.14}$$

因此,带有哈密顿的狄拉克方程为

$$H = \alpha_r\left(p_r + \frac{\mathrm{i}\boldsymbol{\beta} \cdot \mathcal{K}}{r}\right) + \boldsymbol{\beta}m + V(r) \tag{B.15}$$

并可以写为

$$\left[\alpha_r\left(p_r + \frac{\mathrm{i}\boldsymbol{\beta} \cdot \mathcal{K}}{r}\right) + \boldsymbol{\beta}m + V(r)\right]\phi = E\phi \tag{B.16}$$

算子 $\boldsymbol{\beta}$、$\mathcal{K}$、L^2 和 J_z 是可互换的。下面,$\mathcal{X}$ 表示这些算子共有的一个特征矢量,则

$$\boldsymbol{\beta}\mathcal{X} = \mathcal{X} \tag{B.17}$$

$$\mathcal{K}\mathcal{X} = -k\mathcal{X} \tag{B.18}$$

$$L^2\mathcal{X} = l(l+1)\mathcal{X} \tag{B.19}$$

$$J_z\mathcal{X} = m_j\mathcal{X} \tag{B.20}$$

引入函数 $\mathcal{Y}$：

$$\mathcal{Y} = -\alpha_r \mathcal{X} \tag{B.21}$$

可以看出，它具有以下特性：

$$\mathcal{X} = -\alpha_r \mathcal{Y} \tag{B.22}$$

$$\mathcal{K}\mathcal{X} = -k\mathcal{Y} \tag{B.23}$$

$$\boldsymbol{\beta}\mathcal{Y} = \alpha_r \boldsymbol{\beta}\mathcal{X} = -\mathcal{Y} \tag{B.24}$$

下面考虑 $\mathcal{X}$ 和 $\mathcal{Y}$ 的线性组合：

$$\phi = F(r)\mathcal{Y} + iG(r)\mathcal{X} \tag{B.25}$$

式（B.25）是 $\boldsymbol{H}$、$\mathcal{K}$ 和 J_z 共同的特征矢量，因此也是所寻找的旋量。

目标是确定函数 $F(r)$ 和 $G(r)$。$\boldsymbol{L}^2$ 的特征值是 $(j \pm 1/2)(j \pm 1/2 + 1)$。由于 $\mathcal{K} = \boldsymbol{\beta}(\boldsymbol{J}^2 - \boldsymbol{L}^2 + 1/4)$，对于 $j = 1 + 1/2$（自旋向上）的情况，有

$$k = -\left(j + \frac{1}{2}\right) = -(l+1) \tag{B.26}$$

在另一种情况下，对于 $j = l-1/2$（自旋向下）的情况，有

$$k = \left(j + \frac{1}{2}\right) = l \tag{B.27}$$

现在能够找到对应于函数 F 和 G 的径向行为的方程。为此，考虑狄拉克方程（B.16）并观察以下情况：

$$\alpha_r p_r F(r)\mathcal{Y} = i\left[\frac{dF(r)}{dr} + \frac{F(r)}{r}\right]\mathcal{X} \tag{B.28}$$

$$i\alpha_r p_r G(r)\mathcal{X} = i\left[\frac{dG(r)}{dr} + \frac{G(r)}{r}\right]\mathcal{Y} \tag{B.29}$$

$$\frac{i\alpha_r \boldsymbol{\beta}\mathcal{K}}{r}F(r)\mathcal{Y} = -\frac{i}{r}F(r)k\mathcal{X} \tag{B.30}$$

$$\frac{i\alpha_r \boldsymbol{\beta}\mathcal{K}}{r}iG(r)\mathcal{X} = -\frac{1}{r}G(r)k\mathcal{Y} \tag{B.31}$$

$$\boldsymbol{\beta}mF(r)\mathcal{Y} = -mF(r)\mathcal{Y} \tag{B.32}$$

$$\boldsymbol{\beta}miG(r)\mathcal{X} = imG(r)\mathcal{X} \tag{B.33}$$

由于 $\mathcal{X}$ 和 $\mathcal{Y}$ 属于 $\boldsymbol{\beta}$ 的不同特征值，因此是线性独立的。原子对电子（和正电子）的弹性散射理论基本方程为

$$[E + m - V(r)]F(r) + \frac{dG(r)}{dr} + \frac{1+k}{r}G(r) = 0 \tag{B.34}$$

$$-[E - m - V(r)]G(r) + \frac{dF(r)}{dr} + \frac{1-k}{r}F(r) = 0 \tag{B.35}$$

B.2 相对论分波展开法

相对论量子力学的基本方程是狄拉克方程。众所周知,波函数是一个四分量的旋量,散射波的四分量的渐近形式为

$$\psi_i \underset{r\to\infty}{\sim} a_i \exp(iKz) + b_i(\theta,\phi) \frac{\exp(iKr)}{r} \tag{B.36}$$

式中：$K = mv/\hbar$ 是 z 方向上的电子动量。

微分弹性散射截面为

$$\frac{d\sigma}{d\Omega} = \frac{|b_1|^2 + |b_2|^2 + |b_3|^2 + |b_4|^2}{|a_1|^2 + |a_2|^2 + |a_3|^2 + |a_4|^2}$$

$$= \frac{|b_1|^2 + |b_2|^2 + c|b_1|^2 + c|b_2|^2}{|a_1|^2 + |a_2|^2 + c|a_1|^2 + c|a_2|^2} \tag{B.37}$$

$$= \frac{|b_1|^2 + |b_2|^2}{|a_1|^2 + |a_2|^2}$$

式中：c 是一个比例常数,它考虑了 a_i 和 b_i 系数并不都是独立的。

实际上,渐近散射波是由从中心向不同方向传播的平面波构成的,平面波解的系数不是完全独立的。

如果自旋平行于入射方向(旋转向上),则 $a_1 = 1$、$a_2 = 0$、$b_1 = f^+(\theta,\phi)$、$b_2 = g^+(\theta,\phi)$,其中 f^+ 和 g^+ 为散射幅度。

渐进行为由以下方程描述：

$$\psi_1 \underset{r\to\infty}{\sim} \exp(iKz) + f^+(\theta,\phi) \frac{\exp(iKr)}{r} \tag{B.38}$$

$$\psi_2 \underset{r\to\infty}{\sim} g^+(\theta,\phi) \frac{\exp(iKr)}{r} \tag{B.39}$$

如果自旋反向平行于入射方向(自旋向下),$a_1 = 0$、$a_2 = 1$、$b_1 = g^-(\theta,\phi)$、$b_2 = f^-(\theta,\phi)$。渐进行为由以下方程描述：

$$\psi_1 \underset{r\to\infty}{\sim} g^-(\theta,\phi) \frac{\exp(iKr)}{r} \tag{B.40}$$

$$\psi_2 \underset{r\to\infty}{\sim} \exp(iKz) + f^-(\theta,\phi) \frac{\exp(iKr)}{r} \tag{B.41}$$

电子在中心场中的狄拉克方程由以下公式给出(见 B.1 节)：

$$[E + m - V(r)]F_l^\pm(r) + \frac{dG_l^\pm(r)}{dr} + \frac{1+k}{r}G_l^\pm(r) = 0 \tag{B.42}$$

$$-[E - m - V(r)]G_l^{\pm}(r) + \frac{\mathrm{d}F_l^{\pm}(r)}{\mathrm{d}r} + \frac{1-k}{r}F_l^{\pm}(r) = 0 \tag{B.43}$$

式中：上标"+"是指自旋向上的电子（$k = -(l+1)$），而"-"是指自旋向下的电子（$k = l$）。

引入新的变量：

$$\mu(r) \equiv E + m - V(r) \tag{B.44}$$

$$v(r) \equiv E - m - V(r) \tag{B.45}$$

$$\mu' = \frac{\mathrm{d}\mu}{\mathrm{d}r} \tag{B.46}$$

则狄拉克等式变为

$$F_l^{\pm}(r) = \frac{1}{\mu}\left(\frac{\mathrm{d}G_l^{\pm}}{\mathrm{d}r} + \frac{1+k}{r}G_l^{\pm}\right) \tag{B.47}$$

$$\frac{\mathrm{d}F_l^{\pm}(r)}{\mathrm{d}r} = \frac{\mu'}{\mu^2}\left(\frac{\mathrm{d}G_l^{\pm}}{\mathrm{d}r} + \frac{1+k}{r}G_l^{\pm}\right) - \frac{1}{\mu}\left(\frac{\mathrm{d}^2G_l^{\pm}}{\mathrm{d}r^2} + \frac{1+k}{r}\frac{\mathrm{d}G_l^{\pm}}{\mathrm{d}r} - \frac{1+k}{r^2}G_l^{\pm}\right) \tag{B.48}$$

因此，经过简单的代数运算，得到以下结果：

$$\frac{\mathrm{d}^2G_l^{\pm}}{\mathrm{d}r^2} + \left(\frac{2}{r} - \frac{\mu'}{\mu}\right)\frac{\mathrm{d}G_l^{\pm}}{\mathrm{d}r} + \left(\mu v - \frac{k(k+1)}{r^2} - \frac{1+k}{r}\frac{\mu'}{\mu}\right)G_l^{\pm} = 0 \tag{B.49}$$

引入函数 $\mathcal{G}_l^{\pm}$，即

$$\mathcal{G}_l^{\pm} \equiv \frac{r}{\mu^{1/2}}G_l^{\pm} \tag{B.50}$$

经观察发现

$$K^2 = E^2 - m^2 \tag{B.51}$$

则

$$\mu v = K^2 - 2EV + V^2 \tag{B.52}$$

可以推断出，一旦函数 $U_l^{\pm}(r)$ 被定义为

$$-U_l^{\pm}(r) = 2EV + V^2 - \frac{k}{r}\frac{\mu'}{\mu} + \frac{1}{2}\frac{\mu'}{\mu} - \frac{3}{4}\frac{\mu'^2}{\mu^2} \tag{B.53}$$

则下式成立：

$$\left(\frac{\mathrm{d}^2}{\mathrm{d}r^2} - \frac{k(1+k)}{r^2} + K^2 - U_l^{\pm}(r)\right)\mathcal{G}_l^{\pm} = 0 \tag{B.54}$$

对于大的 r 值，$\mathcal{G}_l^{\pm}$ 基本上是正弦曲线。事实上，当 r 足够大时，$V(r)$ 和 $U_l^{\pm}$ 可以忽略不计，因此方程的解是规则和非规则球贝塞尔函数乘以 Kr 的线性组合。考

虑到 $\mathcal{G}_l^\pm = (r/\mu^{1/2})\,G_l^\pm$ 这一事实,可以得出如下结论:

$$G_l^\pm \underset{r\to\infty}{\sim} j_l(Kr)\cos\eta_l^\pm - \eta_l(Kr)\sin\eta_l^\pm \tag{B.55}$$

式(B.55)中 $\eta_l^\pm$ 为待定的常数。考虑到贝塞尔函数的渐近行为,有

$$j_l(Kr) \underset{r\to\infty}{\sim} \frac{1}{Kr}\sin\left(Kr - \frac{l\pi}{2}\right) \tag{B.56}$$

$$\eta_l(Kr) \underset{r\to\infty}{\sim} -\frac{1}{Kr}\cos\left(Kr - \frac{l\pi}{2}\right) \tag{B.57}$$

因此,可以推导出

$$G_l^\pm \underset{r\to\infty}{\sim} \frac{1}{Kr}\sin\left(Kr - \frac{l\pi}{2}\right)\cos\eta_l^\pm + \frac{1}{Kr}\cos\left(Kr - \frac{l\pi}{2}\right)\sin\eta_l^\pm \tag{B.58}$$

则

$$G_l^+ \underset{r\to\infty}{\sim} \frac{1}{Kr}\sin\left(Kr - \frac{l\pi}{2} + \eta_l^+\right) \tag{B.59}$$

$$G_l^- \underset{r\to\infty}{\sim} \frac{1}{Kr}\sin\left(Kr - \frac{l\pi}{2} + \eta_l^-\right) \tag{B.60}$$

相移 $\eta_l^\pm$ 表示电势 $V(r)$ 对散射波相位的影响。

在继续之前,需要证明以下公式:

$$\exp(iKr\cos\theta) = \sum_{l=0}^{\infty}(2l+1)i^l j_l(Kr)P_l(\cos\theta) \tag{B.61}$$

式中:$P_l(\cos\theta)$ 为勒让德多项式,$j_l(Kr)$ 为球贝塞尔函数。

为了证明这一点,首先,描述一个自由粒子的平面波,其 z 轴在 K 方向上,可以表示为一系列勒让德多项式 $P_l(\cos\theta)$ 的展开:

$$\exp(iKz) = \exp(iKr\cos\theta) = \sum_{l=0}^{\infty} c_l j_l(Kr)P_l(\cos\theta) \tag{B.62}$$

定义两个变量 $s \equiv Kr$ 和 $t \equiv \cos\theta$,则

$$\exp(ist) = \sum_l c_l j_l(s)P_l(t) \tag{B.63}$$

式(B.63)中对 s 进行微分,有

$$it\exp(ist) = \sum_l itc_l j_l(s)P_l(t) = \sum_l c_l \frac{dj_l(s)}{ds}P_l(t) \tag{B.64}$$

回顾勒让德多项式的特性,有

$$P_l(t) = \frac{(l+1)P_{l+1}(t) + lP_{l-1}(t)}{t(2l+1)} \tag{B.65}$$

因此,有

$$\text{itexp}(ist) = \sum_l itc_l j_l(s) \frac{(l+1)P_{l+1}(t) + lP_{l-1}(t)}{t(2l+1)}$$
$$= \sum_l iP_l(t)\left[\frac{l}{2l-1}c_{l-1}j_{l-1}(s) + \frac{l+1}{2l+3}c_{l+1}j_{l+1}(s)\right] \quad (B.66)$$

另外，众所周知

$$\frac{dj_l(s)}{ds} = \frac{l}{2l+1}j_{l-1}(s) + \frac{l+1}{2l+1}j_{l+1}(s) \quad (B.67)$$

因此，有

$$\text{itexp}(ist) = \sum_l c_l P_l(t)\left[\frac{l}{2l+1}j_{l-1}(s) - \frac{l+1}{2l+1}j_{l+1}(s)\right] \quad (B.68)$$

从式(B.66)和式(B.68)可以得到

$$\sum_l P_l(t)\left[j_{l-1}(s)l\left(\frac{c_l}{2l+1} - \frac{ic_{l-1}}{2l-1}\right) - j_{l+1}(s)(l+1)\left(\frac{c_l}{2l+1} + \frac{ic_{l+1}}{2l+3}\right)\right] \quad (B.69)$$

勒让德多项式 $P_l(t)$ 是线性独立的(正交)，则

$$j_{l-1}(s)l\left(\frac{c_l}{2l+1} - \frac{ic_{l-1}}{2l-1}\right) = j_{l+1}(s)(l+1)\left(\frac{c_l}{2l+1} + \frac{ic_{l+1}}{2l+3}\right) \quad (B.70)$$

每一个 s 值都满足式(B.70)，当且仅当

$$\frac{1}{2l+1}c_l = \frac{i}{2l-1}c_{l-1} \quad (B.71)$$

为了得到 c_l 的明确表达式，需要知道这个集合的第一个系数的值，即 c_0。在式(B.62)中令 $r = 0$，得到

$$\exp(0) = 1 = \sum_l c_l j_l(0) P_l(\cos\theta) \quad (B.72)$$

由于 $j_l(0) = 0$，对于任何 $l \neq 0$，则 $j_0(0) = 1, P_0(\cos\theta) = 1$，可以得出结论，$c_0 = 1$。通过式(B.71)的递归关系可以得到系数的值：

$$c_l = (2l+1)i^l \quad (B.73)$$

对平面波以勒让德多项式展开，有

$$\exp(i\boldsymbol{K}r\cos\theta) = \exp(i\boldsymbol{K}z)$$
$$= \sum_{l=0}^{\infty}(2l+1)i^l j_l(\boldsymbol{K}r)P_l(\cos\theta) \quad (B.74)$$

寻找满足渐近条件的函数 Ψ_1 和 Ψ_2 必须首先以球面谐波展开，有

$$\psi_1 = \sum_{l=0}^{\infty}[A_l G_l^+ + B_l G_l^-]P_l(\cos\theta) \quad (B.75)$$

$$\psi_2 = \sum_{l=1}^{\infty}[C_l G_l^+ + D_l G_l^-]P_l^1(\cos\theta)\exp(i\phi) \quad (B.76)$$

式中：$P_l^1(\cos\theta)$ 为连带勒让德多项式，可以表示为

$$P_l^1(x) = (1-x^2)^{1/2}\frac{\mathrm{d}P_l(x)}{\mathrm{d}x} \tag{B.77}$$

系数 A_l、B_l、C_l 和 D_l 可通过考虑相关函数的渐进行为确定。从函数 Ψ_1 开始，则

$$\psi_1 - \exp(\mathrm{i}Kz) = \sum_{l=0}^{\infty}[A_l G_l^+ + B_l G_l^- - (2l+1)\mathrm{i}^l j_l(Kr)]P_l(\cos\theta) \tag{B.78}$$

$$\psi_1 - \exp(\mathrm{i}Kz) \underset{r\to\infty}{\sim} \frac{\exp(\mathrm{i}Kr)}{r}f^+(\theta,\phi) \tag{B.79}$$

出现以下情况：

$$\frac{1}{Kr}\sum_{l=0}^{\infty}\left[A_l\sin\left(Kr - \frac{l\pi}{2} + \eta_l^+\right) + B_l\sin\left(Kr - \frac{l\pi}{2} + \eta_l^-\right) - (2l+1)\mathrm{i}^l\sin\left(Kr - \frac{l\pi}{2}\right)\right]P_l\cos(\theta) = \frac{\exp(\mathrm{i}Kr)}{r}f^+(\theta,\phi) \tag{B.80}$$

则

$$\begin{aligned}&\frac{\exp(\mathrm{i}Kr)}{2\mathrm{i}Kr}\sum_{l=0}^{\infty}\exp\left(-\mathrm{i}\frac{l\pi}{2}\right)\times\\&[A_l\exp(\mathrm{i}\eta_l^+) + B_l\exp(\mathrm{i}\eta_l^-) - (2l+1)\mathrm{i}^l]P_l\cos(\theta)\\&-\frac{\exp(-\mathrm{i}Kr)}{2\mathrm{i}Kr}\sum_{l=0}^{\infty}\exp\left(\mathrm{i}\frac{l\pi}{2}\right)\times\\&[A_l\exp(-\mathrm{i}\eta_l^+) + B_l\exp(-\mathrm{i}\eta_l^-) - (2l+1)\mathrm{i}^l]P_l\cos(\theta)\\&=\frac{\exp(\mathrm{i}Kr)}{r}f^+(\theta,\phi)\end{aligned} \tag{B.81}$$

渐近条件得到满足，则

$$A_l\exp(-\mathrm{i}\eta_l^+) + B_l\exp(-\mathrm{i}\eta_l^-) = (2l+1)\mathrm{i}^l \tag{B.82}$$

通过选择，有

$$A_l = (l+1)\mathrm{i}^l\exp(\mathrm{i}\eta_l^+) \tag{B.83}$$

$$B_l = l\mathrm{i}^l\exp(\mathrm{i}\eta_l^-) \tag{B.84}$$

式(B.82)成立。

以类似的方式对 Ψ_2 函数进行研究，可以得到

$$C_l\exp(-\mathrm{i}\eta_l^+) + D_l\exp(-\mathrm{i}\eta_l^-) = 0 \tag{B.85}$$

通过选择，有

$$C_l = -\mathrm{i}^l\exp(\mathrm{i}\eta_l^+) \tag{B.86}$$

$$D_l = \mathrm{i}^l\exp(\mathrm{i}\eta_l^-) \tag{B.87}$$

总之,对于自旋平行于入射方向的电子,有

$$\psi_1 = \sum_{l=0}^{\infty} [(l+1)\exp(i\eta_l^+)G_l^+ + l\exp(i\eta_l^-)G_l^-]i^l P_l(\cos\theta) \quad (B.88)$$

$$\psi_2 = \sum_{l=1}^{\infty} [\exp(i\eta_l^-)G_l^- - \exp(i\eta_l^+)G_l^+]i^l P_l(\cos\theta)\exp(i\phi) \quad (B.89)$$

采用式(B.81)可得

$$f^+(\theta,\phi) = f^+(\theta)$$
$$= \frac{1}{2iK}\sum_{l=0}^{\infty}\{(l+1)[\exp(2i\eta_l^+) - 1] + l[\exp(2i\eta_l^-) - 1]\}P_l(\cos\theta) \quad (B.90)$$

$$g^+(\theta,\phi) = \frac{1}{2iK}\sum_{l=1}^{\infty}[(\exp(2i\eta_l^-) - \exp(2i\eta_l^+))]P_l^1(\cos\theta)\exp(i\phi) \quad (B.91)$$

对于自旋与入射方向反向平行的电子(自旋向下),用 f^- 和 g^- 表示散射振幅,可以得到

$$f^-(\theta,\phi) = f^+(\theta,\phi) \quad (B.92)$$
$$g^-(\theta,\phi) = -g^+(\theta,\phi)\exp(-2i\phi) \quad (B.93)$$

因此,定义以下函数是很方便的:

$$f(\theta) = \sum_{l=0}^{\infty} \mathcal{A}_l P_l(\cos\theta) \quad (B.94)$$

$$g(\theta) = \sum_{l=0}^{\infty} \mathcal{B}_l P_l^1(\cos\theta) \quad (B.95)$$

其中

$$\mathcal{A}_l = \frac{1}{2iK}\{(l+1)[\exp(2i\eta_l^+) - 1] + l[\exp(2i\eta_l^-) - 1]\} \quad (B.96)$$

$$\mathcal{B}_l = \frac{1}{2iK}\{\exp(2i\eta_l^-) - \exp(2i\eta_l^+)\} \quad (B.97)$$

通过这个符号,可以得出

$$f^+ = f^- = f \quad (B.98)$$
$$g^+ = g\exp(i\phi) \quad (B.99)$$
$$g^- = -g\exp(-i\phi) \quad (B.100)$$

对于一个任意的自旋方向,电子入射平面波将由 $\Psi_1 = A\exp(iKz)$ 和 $\Psi_2 = B\exp(iKz)$ 给出,因此 $a_1 = A, a_2 = B$,则

$$b_1 = Af^+ + Bg^- = Af - Bg\exp(-i\phi) \quad (B.101)$$

$$b_2 = Ag^+ + Bf^- = Bf + Ag\exp(i\phi) \tag{B.102}$$

则

$$\frac{d\sigma}{d\Omega} = (|f|^2 + |g|^2)\left\{1 + iS(\theta)\left[\frac{AB^*\exp(i\phi) - A^*B\exp(-i\phi)}{|A|^2 + |B|^2}\right]\right\} \tag{B.103}$$

式中：$S(\theta)$ 为谢尔曼函数，定义为

$$S(\theta) = i\frac{fg^* - f^*g}{|f|^2 + |g|^2} \tag{B.104}$$

则

$$i\frac{AB^*\exp(i\phi) - A^*B\exp(-i\phi)}{|A|^2 + |B|^2} = \xi^*(\sigma_y\cos\phi - \sigma_x\sin\phi)\xi \tag{B.105}$$

式中：σ_x、σ_y 和 σ_z 为 Pauli 矩阵，ξ 为二分量旋量，可表示为

$$\xi = \begin{pmatrix} A/\sqrt{|A|^2 + |B|^2} \\ B/\sqrt{|A|^2 + |B|^2} \end{pmatrix} \tag{B.106}$$

$$\xi^* = \begin{pmatrix} \dfrac{A^*}{\sqrt{|A|^2 + |B|^2}} & \dfrac{B^*}{\sqrt{|A|^2 + |B|^2}} \end{pmatrix} \tag{B.107}$$

将入射方向选为 z 轴，垂直于散射面的单位矢量为

$$\hat{\boldsymbol{n}} = (-\sin\phi, \cos\phi, 0) \tag{B.108}$$

则

$$\xi^*(\sigma_y\cos\phi - \sigma_x\sin\phi)\xi = \boldsymbol{P} \cdot \hat{\boldsymbol{n}} \tag{B.109}$$

式中：$\boldsymbol{P}$ 为电子束的初始极化矢量。则微分弹性散射截面可以重新表述为

$$\frac{d\sigma}{d\Omega} = (|f|^2 + |g|^2)[1 + S(\theta)\boldsymbol{P} \cdot \hat{\boldsymbol{n}}] \tag{B.110}$$

需要注意的是，如果波束是完全无极化的，则有 $P = 0$ 和下式成立：

$$\frac{d\sigma}{d\Omega} = |f|^2 + |g|^2 \tag{B.111}$$

总弹性散射截面 σ_{el} 和输运散射截面 σ_{tr} 可以表示为

$$\sigma_{el} = 2\pi\int_0^\pi \frac{d\sigma}{d\Omega}\sin\theta d\theta \tag{B.112}$$

$$\sigma_{tr} = 2\pi\int_0^\pi (1 - \cos\theta)\frac{d\sigma}{d\Omega}\sin\theta d\theta \tag{B.113}$$

式(B.112)和式(B.113)可以很容易通过数值积分计算。
通过在式(B.96)中指定

$$\eta_l^- = \eta_l^+ = \eta_l \tag{B.114}$$

可以得到非相对论的结果,即

$$\mathcal{A}_l = \frac{1}{2\mathrm{i}K}\{(l+1)[\exp(2\mathrm{i}\eta_l) - 1] + l[\exp(2\mathrm{i}\eta_l) - 1]\}$$

$$= \frac{1}{2\mathrm{i}K}(2l+1)[\exp(2\mathrm{i}\eta_l) - 1] \tag{B.115}$$

$$\mathcal{B}_l = 0 \tag{B.116}$$

则

$$f(\theta) = \frac{1}{2\mathrm{i}K}\sum_{l=0}^{\infty}(2l+1)[\exp(2\mathrm{i}\eta_l) - 1]P_l(\cos\theta)$$

$$= \frac{1}{K}\sum_{l=0}^{\infty}(2l+1)\exp(\mathrm{i}\eta_l)\sin\eta_l P_l(\cos\theta) \tag{B.117}$$

$$g(\theta) = 0 \tag{B.118}$$

$$\frac{\mathrm{d}\sigma}{\mathrm{d}\Omega} = |f|^2 \tag{B.119}$$

B.3 相移计算

为了进一步计算,需要进行以下转换[6]:

$$F_l^{\pm}(r) = a_l^{\pm}(r)\frac{\sin\phi_l^{\pm}(r)}{r} \tag{B.120}$$

$$G_l^{\pm}(r) = a_l^{\pm}(r)\frac{\cos\phi_l^{\pm}(r)}{r} \tag{B.121}$$

经过简单的代数运算,式(B.42)和式(B.43)变为

$$[E + m - V(r)]\tan\phi_l^{\pm}(r) + \frac{1}{a_l^{\pm}(r)}\frac{\mathrm{d}a_l^{\pm}(r)}{\mathrm{d}r} - \tan\phi_l^{\pm}(r)\frac{\mathrm{d}\phi_l^{\pm}(r)}{\mathrm{d}r} + \frac{k}{r} = 0 \tag{B.122}$$

$$-[E - m - V(r)]\cot\phi_l^{\pm}(r) + \frac{1}{a_l^{\pm}(r)}\frac{\mathrm{d}a_l^{\pm}(r)}{\mathrm{d}r} + \cot\phi_l^{\pm}(r)\frac{\mathrm{d}\phi_l^{\pm}(r)}{\mathrm{d}r} - \frac{k}{r} = 0 \tag{B.123}$$

则

$$\frac{\mathrm{d}\phi_l^{\pm}(r)}{\mathrm{d}r} = \frac{k}{r}\sin2\phi_l^{\pm}(r) - m\cos2\phi_l^{\pm}(r) + E - V(r) \quad \text{(B.124)}$$

$$\frac{1}{a_l^{\pm}(r)}\frac{\mathrm{d}a_l^{\pm}(r)}{\mathrm{d}r} = -\frac{k}{r}\cos2\phi_l^{\pm}(r) - m\sin2\phi_l^{\pm}(r) \quad \text{(B.125)}$$

对于 $0 < r < \hbar/mc$,距离核 r 处的点电荷所经历的球形对称静电势 $V(r)$,可以近似表示为

$$V(r) \underset{r\to 0}{\sim} \frac{Z_0 + Z_1 r + Z_2 r^2 + Z_3 r^3}{r} \quad \text{(B.126)}$$

将静电势表示为裸核的电势乘以屏蔽函数 $\psi(r)$ 的乘积,其解析形式为

$$\psi(r) = \sum_{i=1}^{p} A_i \exp(-\alpha_i r) \quad \text{(B.127)}$$

$$\sum_{i=1}^{p} A_i = 1 \quad \text{(B.128)}$$

可以很容易地评估出 Z_0、Z_1、Z_2 和 Z_3:

$$Z_0 = Z\mathrm{e}^2 \sum_{i=1}^{p} A_i = Z\mathrm{e}^2 \quad \text{(B.129)}$$

$$Z_1 = -Z_0 \sum_{i=1}^{p} \alpha_i A_i \quad \text{(B.130)}$$

$$Z_2 = \frac{Z_0}{2} \sum_{i=1}^{p} \alpha_i^2 A_i \quad \text{(B.131)}$$

$$Z_3 = -\frac{Z_0}{6} \sum_{i=1}^{p} \alpha_i^3 A_i \quad \text{(B.132)}$$

按照幂级数展开 $\phi_l^{\pm}$:

$$\phi_l^{\pm}(r) = \phi_{l0}^{\pm} + \phi_{l1}^{\pm} r + \phi_{l2}^{\pm} r^2 + \phi_{l3}^{\pm} r^3 + \cdots \quad \text{(B.133)}$$

可以看到,经过简单的代数运算,这个展开系数和 Z_0、Z_1、Z_2、Z_3 之间的关系如下[7]:

$$\sin2\phi_{l0}^{\pm} = -\frac{Z_0}{k} \quad \text{(B.134)}$$

$$\phi_{l1}^{\pm} = \frac{E + Z_1 - m\cos2\phi_{l0}^{\pm}}{1 - 2k\cos2\phi_{l0}^{\pm}} \quad \text{(B.135)}$$

$$\phi_{l2}^{\pm} = \frac{2\phi_{l1}^{\pm}\sin\phi_{l0}^{\pm}(m - k\phi_{l1}^{\pm}) + Z_2}{2 - 2k\cos2\phi_{l0}^{\pm}} \quad \text{(B.136)}$$

$$\phi_{l3}^{\pm} = \frac{2\phi_{l2}^{\pm}\sin\phi_{l0}^{\pm}(m - 2k\phi_{l1}^{\pm}) + 2\phi_{l1}^{\pm}\cos2\phi_{l0}^{\pm}[m - (2/3)k\phi_{l1}^{\pm}] + Z_3}{3 - 2k\cos2\phi_{l0}^{\pm}}$$

$$\text{(B.137)}$$

在附加条件下,如果 $k<0$,则

$$0 \leqslant 2\phi_{l0}^{\pm} \leqslant \frac{1}{2}\pi \qquad (B.138)$$

如果 $k>0$,则

$$\pi \leqslant 2\phi_{l0}^{\pm} \leqslant \frac{3}{2}\pi \qquad (B.139)$$

下面计算相移,检查式(B.121),有

$$G_l'^{\pm} = \frac{a_l'^{\pm}\cos\phi_l^{\pm}(r)}{r} - \frac{a_l^{\pm}}{r}\sin\phi_l^{\pm}(r)\phi_l'^{\pm}(r) - \frac{a_l^{\pm}\cos\phi_l^{\pm}(r)}{r^2} \qquad (B.140)$$

则

$$\frac{G_l'^{\pm}}{G_l^{\pm}} = \frac{a_l'^{\pm}}{a_l^{\pm}} - \phi_l'^{\pm}(r)\tan\phi_l^{\pm}(r) - \frac{1}{r} \qquad (B.141)$$

或

$$\frac{G_l'^{\pm}}{G_l^{\pm}} = -(E+m-V)\tan\phi_l^{\pm}(r) - \frac{1+k}{r} \qquad (B.142)$$

可以看到,该区域的解的渐近形式对应于当 r 值较大时 $V(r) \approx 0$ 的值(见式(B.55)):

$$G_l'^{\pm} = j_l(Kr)\cos\eta_l^{\pm} - \eta_l(Kr)\sin\eta_l^{\pm} \qquad (B.143)$$

式中:$K^2 = E^2 - m^2$,$\eta_l^{\pm}$ 为第 l 阶相移,j_l 和 n_l 分别为规则和非规则球贝塞尔函数。因此,有

$$\frac{G_l'^{\pm}}{G_l^{\pm}} = \frac{Kj_l'(Kr)\cos\eta_l^{\pm} - K\eta_l'(Kr)\sin\eta_l^{\pm}}{j_l(Kr)\cos\eta_l^{\pm} - \eta_l(Kr)\sin\eta_l^{\pm}} \qquad (B.144)$$

考虑到贝塞尔函数的特性:

$$j_l'^{\pm}(x) = \frac{1}{x}j_l(x) - j_{l+1}(x) \qquad (B.145)$$

$$\eta_l'(x) = \frac{1}{x}\eta_l(x) - \eta_{l+1}(x) \qquad (B.146)$$

可以推导出

$$\tan\eta_l^{\pm} = \frac{(l/r)j_l(Kr) - Kj_{l+1}(Kr) - j_l(Kr)(G_l'^{\pm}/G_l^{\pm})}{(l/r)n_l(Kr) - Kn_{l+1}(Kr) - n_l(Kr)(G_l'^{\pm}/G_l^{\pm})} \qquad (B.147)$$

定义

$$\tilde{\phi}_l^{\pm} = \lim_{r\to\infty}\phi_l^{\pm}(r) \qquad (B.148)$$

当 r 值较大时,式(B.142)变为

$$\frac{G_l'^{\pm}}{G_l^{\pm}} = -(E+m)\tan\tilde{\phi}_l^{\pm} - \frac{1+k}{r} \tag{B.149}$$

则

$$\tan\eta_l^{\pm} = \frac{Kj_{l+1}(Kr) - j_l(Kr)[(E+m)\tan\tilde{\phi}_l^{\pm} + (1+l+k)/r]}{Kn_{l+1}(Kr) - n_l(Kr)[(E+m)\tan\tilde{\phi}_l^{\pm} + (1+l+k)/r]} \tag{B.150}$$

通过式(B.150),可以计算出散射波的相移,从而得到函数$f(\theta)$、$g(\theta)$和微分弹性散射截面。

B.4 Mott 截面的解析近似

考虑到由卢瑟福截面推导出的简单解析公式的优势,为 Mott 截面寻找一种类似公式的近似解也成为一种可能[8-9]。对于低原子序数的元素,Mott 微分弹性散射截面可由下式粗略的近似,即

$$\frac{d\sigma_{el}}{d\Omega} = \frac{\Phi}{(1-\cos\theta+\Psi)^2} \tag{B.151}$$

式中:未知参量 Φ 和 Ψ 可以通过拟合前面由相对论分波展开法计算得到的总的和一阶输运弹性散射截面获得,有

$$\Phi = \frac{Z^2 e^2}{4E^2} \tag{B.152}$$

和

$$\Psi = \frac{me^4\pi^2 Z^{2/3}}{h^2 E} \tag{B.153}$$

式(B.151)变成了屏蔽卢瑟福公式。

一旦得到了之前使用 Mott 理论计算出的总弹性散射截面和输运弹性散射截面,就可以通过 Φ 和 Ψ 近似计算 Mott 理论[8]。从式(B.112)中可以得到

$$\sigma_{el} = \frac{4\pi\Phi}{\Psi(\Psi+2)} \tag{B.154}$$

因此,微分弹性散射截面可以重新写为

$$\frac{d\sigma_{el}}{d\Omega} = \frac{\sigma_{el}}{4\pi}\frac{\Psi(\Psi+2)}{(1-\cos\theta+\Psi)^2} \tag{B.155}$$

采用式(B.113)和式(B.155),可以获得输运弹性散射截面和总弹性散射截面的比值 Ξ,即

$$\varXi \equiv \frac{\sigma_{\mathrm{tr}}}{\sigma_{\mathrm{el}}} = \varPsi\left[\frac{\varPsi+2}{2}\ln\left(\frac{\varPsi+2}{\varPsi}\right) - 1\right] \quad (\text{B.156})$$

一旦通过相对论分波展开法数值计算获得了总弹性散射截面和输运弹性散射截面，比值 $\varXi$ 就由电子的动能 E 决定。按照这种方法，可以得到以 E 为函数的屏蔽因子 $\varPsi$（采用二分算法）。

B.5 原子势

原子势可以通过 Yukawa 原子势叠加近似计算，Yukawa 原子势依赖于一系列的参量，这些参量可以通过自洽场的解析拟合确定。Cox 和 Bonham[10]给出了由 Clementi[11]计算的 $Z=1\sim54$ 的 Hartree-Fock 波函数的解析近似，而 Salvat 等[12]给出了他们计算的 $Z=1\sim92$ 的 Dirac-Hartree-Fock-Slater 原子势的解析近似。

原子屏蔽函数 $\psi(r)$ 定义为距原子核 r 处的点电荷所承受的静电势与裸核的静电势之比（假设为球对称）。Cox、Bonham 和 Salvat 等提出的屏蔽函数分别由式(B.127)和式(B.128)给出 $\psi(r) = \sum_{i=1}^{p} A_i \exp(-\alpha_i r)$ 和 $\sum_{n=1}^{p} A_i = 1$，其中 p、A_i、α_i 取决于元素。需要注意的是，这类方程具有最初由 Molière 提出的解析形式，用于近似 Thomas-Fermi 屏蔽函数[13]。

B.5.1 电子交换

由于电子属于同一类粒子，因此必须考虑电子的交换效应。当入射电子被原子捕获并产生新的电子时，这一效应就会发生。通过在上面描述的原子势上增加电子交换势，就可以很好地描述交换效应，Furness 和 McCarthy 给出的交换势[14]为

$$V_{\mathrm{ex}} = \frac{1}{2}(E-V) - \frac{1}{2}\left[(E-V)^2 + 4\pi\rho e^2 \hbar^2/m\right]^{1/2} \quad (\text{B.157})$$

式中：E 为电子能量；V 为静电势；ρ 为原子中电子密度（由泊松方程获得）；e 为电子电荷量。

B.5.2 电子云的极化效应

当入射电子离靶原子相对较远时，极化电势 V_{pol} 可以用 Buckingham 势描述[16]：

$$V_{\text{pol}} = -\frac{1}{2}\frac{\alpha_d e^2}{(r^2+d^2)^2} \tag{B.158}$$

式中：α_d 为原子的偶极子极化率。

根据 Mittleman 和 Watson 的观点[17]，截止参数 d 由下式给出：

$$d^4 = 0.5\alpha_d a_0 Z^{-1/3} b_{\text{pol}}^2 \tag{B.159}$$

式中：a_0 为玻尔半径，b_{pol}^2 可以定义为[16]

$$b_{\text{pol}}^2 = \max[(E-50)/16, 1] \tag{B.160}$$

式(B.160)中，E 的单位为 eV。根据 Salvat 等[16]的观点，为了更准确地描述电荷云的极化效应，必须将长程 Buckingham 势与相关势能相结合。这种势能可由局部密度近似(local density approximation, LDA)计算[18]。根据 LDA，假设出射电子处于自由电子气中，电子相关势能的密度由局部原子电子密度给出。

B.5.3 固态效应

对于被束缚在固体中的原子，外轨道已经被更改，所以必须引入固态效应。在 muffin-tin 模型中，固体中每个原子的电势都会被临近原子所改变。如果假设最临近的原子位于距离为 $2r_{\omega s}$ 的位置，其中 $r_{\omega s}$ 为 Wigner-Seitz 球半径[15]，那么，对于 $r \leqslant r_{\omega s}$，电势可以由下式计算，即

$$V_{\text{solid}}(r \leqslant r_{\text{ws}}) = V(r) + V(2r_{\text{ws}} - r) - 2V(r_{\text{ws}}) \tag{B.161}$$

在 Wigner-Seitz 球的半径以外，该电势等于 0，即

$$V_{\text{solid}}(r \geqslant r_{\text{ws}}) = 0 \tag{B.162}$$

式(B.161)中引入的 $2V(r_{\omega s})$ 项是为了保证 $V_{\text{solid}}(r_{\omega s} = 0) = 0$。根据 Salvat 和 Mayol 的理论，该电势必须减去入射电子的动能[12]。

B.6 正电子微分弹性散射截面

电子微分弹性散射截面表现出了衍射状结构。它是由入射电子与原子的电子云相互作用引起的一种典型的量子-力学现象。相反，正电子的弹性散射截面是类似卢瑟福公式的单调减函数[20-21]。这一差异是由于电子和正电子电荷符号的差异引起的。正电子是被原子核排斥的：因此它们并不能像电子一样很深地穿透到原子的电子云中。由于电子能更深地穿透到原子中的电子中心，因此相对于正电子，电子离核更近。因此，电子可以绕核运动一周或多周。所以，电子是一种辐射波，它是入射波和散射波的叠加，也会表现出干涉效应。这仅仅是半经典理论的表述，它可以定性地解释原子的电子云对电子的影响要比正电子严重的原因。

B.7 小结

本附录介绍了 Mott 理论[1]（也称为相对论分波展开法）。它可用于计算电子的弹性散射截面。同时，描述了原子势，本附录还介绍了电子交换、电荷云极化效应和固态效应，并讨论了电子和正电子弹性散射截面的差异。

参考文献

[1] N. F. Mott, Proc. R. Soc. Lond. Ser. **124**, 425 (1929)

[2] A. Jablonski, F. Salvat, C. J. Powell, J. Phys. Chem. Data **33**, 409 (2004)

[3] F. Salvat, A. Jablonski, C. J. Powell, Comput. Phys. Commun. **165**, 157 (2005)

[4] M. Dapor, J. Appl. Phys. **79**, 8406 (1996)

[5] M. Dapor, *Electron-Beam Interactions with Solids: Application of the Monte Carlo Method to Electron Scattering Problems* (Springer, Berlin, 2003)

[6] S.-R. Lin, N. Sherman, J. K. Percus, Nucl. Phys. **45**, 492 (1963)

[7] P. J. Bunyan, J. L. Schonfelder, Proc. Phys. Soc. **85**, 455 (1965)

[8] J. Baró, J. Sempau, J. M. Fernández-Varea, F. Salvat, Nucl. Instrum. Methods Phys. Res. B **84**, 465 (1994)

[9] M. Dapor, Phys. Lett. A **333**, 457 (2004)

[10] H. L. Cox Jr., R. A. Bonham, J. Chem. Phys. **47**, 2599 (1967)

[11] E. Clementi, *Tables of Atomic Functions* (IBM Res. Publication, 1965)

[12] F. Salvat, J. D. Martínez, R. Mayol, J. Parellada, Phys. Rev. A **36**, 467 (1987)

[13] G. Molière, Z. Naturforsch. Teil A **2**, 133 (1947)

[14] J. B. Furness, I. E. McCarthy, J. Phys. B **6**, 2280 (1973)

[15] N. Ashcroft, N. D. Mermin, *Solid State Physics* (W. B. Saunders, Philadelphia, 1976)

[16] M. H. Mittleman, K. M. Watson, Ann. Phys. **10**, 268 (1960)

[17] J. P. Perdew, A. Zunger, Phys. Rev. B **23**, 5048 (1981)

[18] F. Salvat, R. Mayol, Comput. Phys. Commun. **74**, 358 (1993)

[19] M. Dapor, A. Miotello, At. Data Nucl. Data Tables **69**, 1 (1998)

[20] M. Dapor, J. Electron Spectrosc. Relat. Phenom. **151**, 182 (2006)

附录C
Fröhlich理论

Fröhlich 理论最早的版本可以参见文献[1],更多的细节可参见文献[2]。在 Fröhlich 理论中,对于电子—声子的相互作用主要关注的是自由电子与径向光学模式的晶格振动间的相互作用。该相互作用同时考虑了声子的产生及湮灭,分别对应于电子能量损失和电子能量增益。由于声子产生的概率远大于声子吸收的概率,因此,在蒙特卡罗模拟中通常忽略声子的吸收。此外,基于 Ganachaud 和 Mokrani[3]的观点,在光频支上可以忽略径向声子的色散关系,这样可以采用单声子频率。事实上,Fröhlich 理论对于所有的动量均采用了单频值,对应于平坦的纵向光频支。这一近似是合理的,并且得到了实验的验证(如 Fujii 等[4]关于离子晶体 AgBr 的实验)。在半导体中,径向光频支也是平坦的,同样被实验(如 Nilsson 和 Neil 对于 Ge[5]和 Si[6]的实验)和理论(如 Gianozzi 等关于 Si、Ge、GaAs、AlAs、GaSb、AlSb[7]的理论)证实。

C.1 晶格场中的电子:哈密顿互作用

基于 Fröhlich 理论[1],电子在介质材料中输运时,会使媒质产生极化,极化也会影响带电粒子。假设 $\mathcal{P}(r)$ 代表电极化强度,产生电位移矢量的唯一源是自由电荷,$\mathcal{D}(r) = \mathcal{E}(r) + 4\pi\mathcal{P}(r)$。如果 r_{el} 表示单个自由电子的位置,则

$$\nabla \cdot \mathcal{D} = -4\pi e \delta(r - r_{el}) \tag{C.1}$$

式中:e 为电子电荷。

电极化强度可以写为

$$\mathcal{P}(r) = \mathcal{P}_{uv}(r) + \mathcal{P}_{ir}(r) \tag{C.2}$$

式中:极化 $\mathcal{P}_{uv}(r)$ 和 $\mathcal{P}_{ir}(r)$ 分别对应于紫外(原子极化)光学吸收和红外(位移极化)光学吸收[8]。

$\mathcal{P}_{uv}(r)$ 和 $\mathcal{P}_{in}(r)$ 满足谐波振荡方程,即

$$\frac{d^2 \mathcal{P}_{uv}(r)}{dt^2} + \omega_{uv}^2 \mathcal{P}_{uv}(r) = \frac{\mathcal{D}(r,r_{el})}{\delta} \tag{C.3}$$

$$\frac{d^2 \mathcal{P}_{ir}(r)}{dt^2} + \omega^2 \mathcal{P}_{ir}(r) = \frac{\mathcal{D}(r,r_{el})}{\gamma} \tag{C.4}$$

在式(C.3)和式(C.4)中，ω_{uv}（原子畸变）和 ω（原子位移）分别是紫外和红外光学吸收的角频率，δ 和 γ 是与介电函数相关的常数。

为了确定这些常数，首先考虑静态情况，ε_0 表示静态介电常数，有

$$\mathcal{D}(r) = \varepsilon_0 \mathcal{E}(r) \tag{C.5}$$

则

$$4\pi \mathcal{P}(r) = \left[1 - \frac{1}{\varepsilon_0}\right] \mathcal{D}(r) \tag{C.6}$$

此外，假设高频介电常数 ε_∞ 由外场的角频率 ω_∞ 决定，ω_∞ 比原子的激发频率 ω_{uv} 低，比晶格振动频率 ω 高[8]。并且有 $\mathcal{P}_{ir} \approx 0$, $d^2 \mathcal{P}_{uv}/dt^2 \ll \omega_{uv}^2 \mathcal{P}_{uv}(r)$ 和 $\mathcal{D}(r) = \varepsilon_\infty \mathcal{E}(r)$，其中，$\varepsilon_\infty$ 为高频介电常数（$\varepsilon_\infty^{1/2}$ 为折射系数）。因此，可以近似地假设 $\mathcal{P}_{uv}(r)$ 与相同强度下静态场的值相同[1]，即

$$4\pi \mathcal{P}_{uv}(r) = \left[1 - \frac{1}{\varepsilon_\infty}\right] \mathcal{D}(r) \tag{C.7}$$

则

$$4\pi \mathcal{P}_{ir}(r) = \left[\frac{1}{\varepsilon_\infty} - \frac{1}{\varepsilon_0}\right] \mathcal{D}(r) \tag{C.8}$$

因此，在静态情况下，$d^2 \mathcal{P}_{uv}/dt^2 = 0$ 和 $d^2 \mathcal{P}_{ir}/dt^2 = 0$

$$\mathcal{P}_{uv}(r) = \frac{\mathcal{D}(r)}{\delta \omega_{uv}^2} \tag{C.9}$$

$$\mathcal{P}_{ir}(r) = \frac{\mathcal{D}(r)}{\gamma \omega^2} \tag{C.10}$$

则

$$\frac{1}{\delta} = \frac{\omega_{uv}^2}{4\pi}\left(1 - \frac{1}{\varepsilon_\infty}\right) \tag{C.11}$$

$$\frac{1}{\gamma} = \frac{\omega^2}{4\pi}\left(\frac{1}{\varepsilon_\infty} - \frac{1}{\varepsilon_0}\right) \tag{C.12}$$

为了描述慢电子与离子晶格场的相互作用，Fröhlich 考虑了红外对极化的贡献，并引入了复数场 $\mathcal{B}(r)$，即

$$\mathcal{B}(r) = \sqrt{\frac{\gamma\omega}{2\hbar}}\left(\mathcal{P}_{ir}(r) + \frac{i}{\omega}\frac{d\mathcal{P}_{ir}(r)}{dt}\right) \tag{C.13}$$

声子湮灭算子 a_q 由下式定义,即

$$\mathcal{B}(\boldsymbol{r}) = \sum_q \frac{\boldsymbol{q}}{q} a_q \frac{\exp(\mathrm{i}\boldsymbol{q}\cdot\boldsymbol{r})}{\sqrt{V}} \tag{C.14}$$

式中,$\mathcal{B}(\boldsymbol{r})$ 与体积为 V 的立方体的边界条件有关。

因此,式(C.13)可以改写为

$$\left(\mathcal{P}_{\mathrm{ir}}(\boldsymbol{r}) + \frac{\mathrm{i}}{\omega}\frac{\mathrm{d}\mathcal{P}_{\mathrm{ir}}(\boldsymbol{r})}{\mathrm{d}t}\right) = \sqrt{\frac{2\hbar}{\gamma\omega V}} \sum_q \frac{\boldsymbol{q}}{q} a_q \exp(\mathrm{i}\boldsymbol{q}\cdot\boldsymbol{r}) \tag{C.15}$$

在式(C.15)中代入厄米伴随矩阵,可以得到

$$\left(\mathcal{P}_{\mathrm{ir}}(\boldsymbol{r}) - \frac{\mathrm{i}}{\omega}\frac{\mathrm{d}\mathcal{P}_{\mathrm{ir}}(\boldsymbol{r})}{\mathrm{d}t}\right) = \sqrt{\frac{2\hbar}{\gamma\omega V}} \sum_q \frac{\boldsymbol{q}}{q} a_q^{\dagger} \exp(\mathrm{i}\boldsymbol{q}\cdot\boldsymbol{r}) \tag{C.16}$$

则

$$\mathcal{P}_{\mathrm{ir}}(\boldsymbol{r}) = \sqrt{\frac{\hbar}{2\gamma\omega V}} \sum_q \hat{\boldsymbol{q}}[a_q\exp(\mathrm{i}\boldsymbol{q}\cdot\boldsymbol{r}) + a_q^{\dagger}\exp(-\mathrm{i}\boldsymbol{q}\cdot\boldsymbol{r})] \tag{C.17}$$

其中

$$\hat{\boldsymbol{q}} = \frac{\boldsymbol{q}}{q} \tag{C.18}$$

且

$$q_i = \frac{2\pi}{L} n_i \tag{C.19}$$

式中:$n_i = 0, \pm 1, \pm 2, \cdots$;$L = V^{1/3}$;$a_q^{\dagger}$ 代表声子产生算子。

为了写成互作用哈密顿算符 $\mathcal{H}_{\mathrm{inter}}$ 的关系,观察到位移矢量 $\mathcal{D}$ 是一个决定晶体极化的外部场。当没有自由电荷时,$\mathcal{D} = 0$,电势 ϕ_{ir} 可以写成

$$-4\pi\mathcal{P}_{\mathrm{ir}} = \mathcal{E} = -\nabla\phi_{\mathrm{ir}} \tag{C.20}$$

则

$$\mathcal{H}_{\mathrm{inter}} = e\phi_{\mathrm{ir}} = 4\pi\mathrm{i}\sqrt{\frac{\hbar e^2}{2\gamma\omega V}} \sum_q \frac{1}{q}[a_q^{\dagger}\exp(-\mathrm{i}\boldsymbol{q}\cdot\boldsymbol{r}) - a_q\exp(\mathrm{i}\boldsymbol{q}\cdot\boldsymbol{r})] \tag{C.21}$$

式中:$\boldsymbol{q} \neq 0$。

C.2 电子-声子散射截面

如果 ω 代表晶格径向光学振动的角频率,那么,温度 T 下的平均声子数量由占据函数给出,即

$$n(T) = \frac{1}{\exp(\hbar\omega/k_B T) - 1} \quad (C.22)$$

式中：k_B 为波耳兹曼常数。

Fröhlich 理论[1]采用了微扰法，假设电子-晶格间的耦合很弱。如果以导带底进行测量，电子能量为

$$E_k = \frac{\hbar^2 k^2}{2m^*} \quad (C.23)$$

式中：m^* 为电子有效质量；k 为电子波数，则未微扰的电子波函数可以写为

$$|k\rangle = \frac{\exp(i\boldsymbol{k}\cdot\boldsymbol{r})}{V^{1/2}} \quad (C.24)$$

式中：V 为包含电子的立方体体积。

根据 Fröhlich 理论[1]，互作用哈密顿算符由式(C.21)给出，即

$$\mathcal{H}_{\text{inter}} = 4\pi i\sqrt{\frac{e^2\hbar}{2\gamma\omega V}}\sum_q \frac{1}{q}[a_q^\dagger\exp(-i\boldsymbol{q}\cdot\boldsymbol{r}) - a_q\exp(i\boldsymbol{q}\cdot\boldsymbol{r})]$$

式中：$q \neq 0$ 为声子波数；$a_q^\dagger$ 和 a_q 分别为声子产生和湮灭的算子；γ 与静态介电常数 ε_0 和高频介电常数 ε_∞ 有关，由式(C.12)给出，即

$$\frac{1}{\gamma} = \frac{\omega^2}{4\pi}\left(\frac{1}{\varepsilon_\infty} - \frac{1}{\varepsilon_0}\right)$$

为了计算从 $|k\rangle$ 态到 $|k'\rangle$ 态的迁移率 $W_{kk'}$，Llacer 和 Garwin[2]采用了微扰理论的标准值。对于声子湮灭的情况，对应于电子能量的增加，频率为

$$\beta = \frac{E_k' - E_k - \hbar\omega}{2\hbar} \quad (C.25)$$

同时，对于声子产生（电子能量损失），频率由下面给出，即

$$\beta = \frac{E_k' - E_k + \hbar\omega}{2\hbar} \quad (C.26)$$

迁移率可以写成

$$W_{kk'} = \frac{|M_{kk'}|^2}{\hbar^2}\frac{\partial}{\partial t}\left(\frac{\sin^2\beta t}{\beta^2}\right) \quad (C.27)$$

式中：$M_{kk'}$ 为从 k 态向 k' 态迁移的矩阵元素，可以采用互作用的哈密顿算符计算。式(C.21)考虑了声子产生算子和湮灭算子的特性，有

$$a_q|n\rangle = \sqrt{n}|n-1\rangle \quad (C.28)$$

$$a_q^\dagger|n\rangle = \sqrt{n+1}|n+1\rangle \quad (C.29)$$

利用矢量 $|n(T)\rangle$ 满足的正交归一化条件，即

$$\langle n|n\rangle = 1 \quad (C.30)$$

$$\langle n | n + m \rangle = 0 \tag{C.31}$$

式中：m 为不为 0 的任意整数。

对于声子湮灭（电子能量增加）的情况，波数为 $\boldsymbol{q}$，$\boldsymbol{k}' = \boldsymbol{k} + \boldsymbol{q}$，有

$$M_{kk'} = 4\pi \mathrm{i} \sqrt{\frac{e^2 \hbar}{2\gamma \omega V}} \frac{\sqrt{n(T)}}{q} \tag{C.32}$$

而对于声子产生（电子能量损失）的情况，波数为 $\boldsymbol{q}$，$\boldsymbol{k}' = \boldsymbol{k} - \boldsymbol{q}$，有

$$M_{kk'} = -4\pi \mathrm{i} \sqrt{\frac{e^2 \hbar}{2\gamma \omega V}} \frac{\sqrt{n(T)+1}}{q} \tag{C.33}$$

从 $\boldsymbol{k}$ 态到所有可能的 $\boldsymbol{k}'$ 态的总散射率可以通过 $\boldsymbol{q}$ 的积分获得。首先对于声子湮灭情况下计算积分，有

$$W_k^- = \int_{q_{\min}}^{q_{\max}} \mathrm{d}q \int_0^{2\pi} \mathrm{d}\phi \int_0^{\pi} \frac{16\pi^2 e^2}{2\hbar \gamma \omega V} \frac{n(T)}{q^2} \frac{\partial}{\partial t} \frac{\sin^2 \beta t}{\beta^2} \frac{V}{8\pi^3} q^2 \sin\alpha \mathrm{d}\alpha \tag{C.34}$$

注意，在本章 α 代表 $\boldsymbol{k}$ 方向和 $\boldsymbol{q}$ 方向间的夹角，同时，采用符号 θ 代表 $\boldsymbol{k}$ 和 $\boldsymbol{k}'$ 间的夹角。有

$$k'^2 = k^2 + q^2 - 2kq\cos\alpha \tag{C.35}$$

通过简单的代数运算，可以得到

$$\beta = \frac{\hbar}{4m^*} q^2 - \frac{\hbar}{2m^*} kq\cos\alpha - \frac{\omega}{2} \tag{C.36}$$

则

$$\sin\alpha \mathrm{d}\alpha = \frac{2m^*}{\hbar} \frac{1}{kq} \mathrm{d}\beta \tag{C.37}$$

因此，有

$$W_k^- = \int_{q_{\min}}^{q_{\max}} \mathrm{d}q \int_{\beta_{\min}}^{\beta_{\max}} \frac{4m^* e^2 n(T)}{\hbar^2 \gamma \omega} \frac{1}{kq} \frac{\partial}{\partial t} \frac{\sin^2 \beta t}{\beta^2} \mathrm{d}\beta \tag{C.38}$$

其中

$$\beta_{\min} = \frac{\hbar}{4m^*} q^2 - \frac{\hbar}{2m^*} kq - \frac{\omega}{2} \tag{C.39}$$

和

$$\beta_{\max} = \frac{\hbar}{4m^*}q^2 + \frac{\hbar}{2m^*}kq - \frac{\omega}{2} \tag{C.40}$$

则

$$\int_{\beta_{\min}}^{\beta_{\max}} \frac{\partial}{\partial t} \frac{\sin^2\beta t}{\beta^2} \mathrm{d}\beta = \int_{\beta_{\min}}^{\beta_{\max}} \frac{\sin 2\beta t}{\beta} \mathrm{d}\beta$$

$$= \int_{\beta_{\min}}^{\beta_{\max}} \frac{\sin(2\beta t)}{(2\beta t)} 2t \mathrm{d}\beta$$

$$= \int_{2\beta_{\min}t}^{2\beta_{\max}t} \frac{\sin x}{x} \mathrm{d}x$$

$$= \int_0^{2\beta_{\max}t} \frac{\sin x}{x} \mathrm{d}x - \int_0^{2\beta_{\min}t} \frac{\sin x}{x} \mathrm{d}x$$

为了计算上式,需要知道积分限 $q_{\min}$ 和 $q_{\max}$。积分的范围可以通过能量守恒定律获得,$E'_k = E_k + \hbar\omega$,对应于 $\beta = 0$。

由于 $\cos\alpha$ 的值在 $-1 \sim +1$ 之间,积分范围满足下面等式,即

$$q^2 + 2kq - \frac{k^2\hbar\omega}{E_k} = 0 \tag{C.41}$$

$$q^2 - 2kq - \frac{k^2\hbar\omega}{E_k} = 0 \tag{C.42}$$

由于 q 取正值,则

$$q_{\min} = k\left(\sqrt{1 + \frac{\hbar\omega}{E_k}} - 1\right) \tag{C.43}$$

$$q_{\max} = k\left(\sqrt{1 + \frac{\hbar\omega}{E_k}} + 1\right) \tag{C.44}$$

在 $\beta_{\min}$ 和 $\beta_{\max}$ 的定义中代入上述积分范围,可以看到 $\beta_{\min} \leq 0$ 和 $\beta_{\max} \geq 0$,则

$$\lim_{t\to\infty}\int_{\beta_{\min}}^{\beta_{\max}} \frac{\partial}{\partial t}\frac{\sin^2\beta t}{\beta^2}\mathrm{d}\beta = \lim_{t\to\infty}\left(\int_0^{2\beta_{\max}t}\frac{\sin x}{x}\mathrm{d}x - \int_0^{2\beta_{\min}t}\frac{\sin x}{x}\mathrm{d}x\right)$$

$$= \int_0^{+\infty}\frac{\sin x}{x}\mathrm{d}x - \int_0^{-\infty}\frac{\sin x}{x}\mathrm{d}x$$

$$= \frac{\pi}{2} - \left(-\frac{\pi}{2}\right)$$

$$= \pi$$

所以,有

$$W_k^- = \int_{q_{\min}}^{q_{\max}} \frac{4\pi m^* e^2 n(T)}{\hbar^2 \gamma \omega}\frac{1}{kq}\mathrm{d}q \tag{C.45}$$

因此,对于声子湮灭(电子能量增加)的总散射率可以归纳为

$$W_k^- = \frac{4\pi e^2 m^* n(T)}{\hbar^2 \gamma \omega k} \ln\left(\frac{\sqrt{1+\hbar\omega/E_k}+1}{\sqrt{1+\hbar\omega/E_k}-1}\right) \quad (\text{C.46})$$

这与声子产生(电子能量损失)的情况是类似的。

需要记住的是,在这种情况下,在 k 态跃迁到 k' 态的矩阵元素中采用了 $\sqrt{n(T)+1}$ 代替了 $\sqrt{n(T)}$。此外,在该情况下,有

$$\beta = \frac{1}{2\hbar}[E_{k'} - (E_k + \hbar\omega)] = \frac{\hbar}{4m^*}q^2 - \frac{\hbar}{2m^*}kq\cos\alpha + \frac{\omega}{2} \quad (\text{C.47})$$

所以,有

$$q_{\min} = k\left(1 - \sqrt{1 - \frac{\hbar\omega}{E_k}}\right) \quad (\text{C.48})$$

$$q_{\max} = k\left(1 + \sqrt{1 - \frac{\hbar\omega}{E_k}}\right) \quad (\text{C.49})$$

则

$$W_k^+ = \frac{4\pi e^2 m^* [n(T)+1]}{\hbar^2 \gamma \omega k} \ln\left(\frac{1+\sqrt{1-\hbar\omega/E_k}}{1-\sqrt{1-\hbar\omega/E_k}}\right) \quad (\text{C.50})$$

对于散射的角分布,当 k 和 k' 之间的角度为 θ 时,有

$$q^2 = k^2 + k'^2 - 2kk'\cos\theta \quad (\text{C.51})$$

则

$$q\mathrm{d}q = kk'\sin\theta\mathrm{d}\theta \quad (\text{C.52})$$

从 $\theta \sim \theta + \mathrm{d}\theta$ 间的散射概率可以由式(C.45)的积分计算,即

$$A\frac{\mathrm{d}q}{kq} = A\frac{q}{k}\frac{\mathrm{d}q}{q^2} = A\frac{kk'\sin\theta\mathrm{d}\theta}{k(k^2+k'^2-2kk'\cos\theta)}$$

$$= A\frac{k'\sin\theta\mathrm{d}\theta}{k^2+k'^2-2kk'\cos\theta}$$

对于声子湮灭,有

$$A = \frac{4\pi e^2 m^* n(T)}{\hbar^2 \gamma \omega} \quad (\text{C.53})$$

以类似的方法考虑声子产生,这两种情况下,角分布存在一定比例,即

$$\mathrm{d}\eta = \frac{E_{k'}^{1/2} \sin\theta\mathrm{d}\theta}{E_k + E_{k'} - 2(E_k E_{k'})^{1/2}\cos\theta} \quad (\text{C.54})$$

电子-声子碰撞后,新的角度 θ' 由角度分布的倒数决定。若 μ 表示累积概率,有

$$\mu = \frac{\int_0^{\theta'} \mathrm{d}\eta}{\int_0^{\pi} \mathrm{d}\eta} = \frac{\int_0^{\theta'} \frac{E_{k'}^{1/2}\sin\theta \mathrm{d}\theta}{E_k + E_{k'} - 2(E_k E_{k'})^{1/2}\cos\theta}}{\int_0^{\pi} \frac{E_{k'}^{1/2}\sin\theta \mathrm{d}\theta}{E_k + E_{k'} - 2(E_k E_{k'})^{1/2}\cos\theta}} \quad (C.55)$$

则

$$\cos\theta' = \frac{E_k + E_{k'}}{2\sqrt{E_k E_{k'}}}(1 - B^{\mu}) + B^{\mu} \quad (C.56)$$

$$B = \frac{E_k + E_{k'} + 2\sqrt{E_k E_{k'}}}{E_k + E_{k'} - 2\sqrt{E_k E_{k'}}} \quad (C.57)$$

从 k 态跃迁到其他所有可能的 k' 态的平均自由程与总的散射概率的关系为

$$\lambda_{\text{phonon}} = \left(\frac{1}{v}\frac{\mathrm{d}P}{\mathrm{d}t}\right)^{-1} \quad (C.58)$$

其中 v 是电子-声子碰撞前的电子速率,即

$$v = \frac{\hbar k}{m^*} \quad (C.59)$$

则

$$\frac{\mathrm{d}P}{\mathrm{d}t} = W_k^- + W_k^+ \quad (C.60)$$

电子-声子平均自由程可以写成

$$\lambda_{\text{phonon}} = \frac{\hbar k/m^*}{W_k^- + W_k^+} = \frac{\sqrt{2E_k/m^*}}{W_k^- + W_k^+} \quad (C.61)$$

则

$$\lambda_{\text{phonon}}^{-1} = \frac{1}{a_0}\left[\frac{\varepsilon_0 - \varepsilon_\infty}{\varepsilon_0 \varepsilon_\infty}\right]\frac{\hbar\omega}{E_k}\frac{1}{2}\left\{[n(T)+1]\ln\left[\frac{1+\sqrt{1-\hbar\omega/E_k}}{1-\sqrt{1-\hbar\omega/E_k}}\right] + n(T)\ln\left[\frac{\sqrt{1+\hbar\omega/E_k}+1}{\sqrt{1+\hbar\omega/E_k}-1}\right]\right\}$$

$$(C.62)$$

其中,假设电子有效质量 m^* 等同于自由电子的质量,即 $m^* = m$。

声子产生的概率远高于声子湮灭的概率[2-3,9],所以可以忽略由于声子湮灭引起的电子能量增益。因此,电子-声子平均自由程可以写成

$$\lambda_{\text{phonon}} = \frac{\hbar k/m^*}{W_k^+} \quad (C.63)$$

以 $E=E_k$ 表示入射电子的能量，$W_{ph}=\hbar\omega$ 表示产生的声子能量（假设 $m^*=m$），所以可以获得由于声子产生，电子损失能量的非弹性平均自由程的倒数[2]，即

$$\lambda_{phonon}^{-1}=\frac{1}{a_0}\frac{\varepsilon_0-\varepsilon_\infty}{\varepsilon_0\varepsilon_\infty}\frac{W_{ph}}{E}\frac{n(T)+1}{2}\ln\left[\frac{1+\sqrt{1-W_{ph}/E_k}}{1-\sqrt{1-W_{ph}/E_k}}\right] \quad (C.64)$$

式(C.64)可用于本书中涉及的绝缘体二次电子发射的蒙特卡罗模拟[3,9-10]。

C.3 小结

本附录给出了自由电子与径向光学模式的晶格振动相互作用的 Fröhlich 理论[1-2]，采用该理论描述了声子产生和声子湮灭，及相对应的电子能量损失和电子能量增益。

参考文献

[1] H. Frölich, Adv. Phys. 3,325(1954).

[2] J. Llacer, E. L. Garwin, J. Appl. Phys. 40,2766(1969).

[3] J. P. Ganachaud, A. Mokrani, Surf. Sci. 334,329(1995).

[4] Y. Fujii, S. Hoshino, S. Sakuragi, H. Kanzaki, J. W. Lynn, G. Shirane, Phys. Rev. B 15,358 (1977).

[5] G. Nilsson, G. Nelin, Phys. Rev. B 3,364(1971).

[6] G. Nilsson, G. Nelin, Phys. Rev. B 6,3777(1972).

[7] P. Giannozzi, S. De Gironcoli, P. Pavone, S. Baroni, Phys. Rev. B 43,7231(1991).

[8] N. Ashcroft, N. D. Mermin, Solid State Physics(W. B Saunders, New York,1976).

[9] M. Dapor, M. Ciappa, W. Fichtner, J. Micro/ Nanolith, MEMS MOEMS 9, 023001(2010).

[10] M. Dapor, Nucl. Instrum. Methods Phys. Res. B 269,1668(2011).

附录D
Ritchie理论

Ritchie 理论描述了固体中介电函数和电子能量损失之间的关系。它可用于计算微分非弹性平均自由程的倒数、弹性平均自由程和阻止本领。Ritchie 理论的原始版本可查阅文献[1],详细的描述可查阅文献[2-6]。

D.1 能量损失和介电函数

当电子在固体中输运并损失能量时,传导电子的集合对电磁干扰的响应可通过复介电函数 $\varepsilon(\boldsymbol{k},\omega)$ 描述,其中 $\boldsymbol{k}$ 为波失,ω 为电磁场的频率。假设在某个时刻 t,电子的位置为 $\boldsymbol{r}$,速度为 $\boldsymbol{v}$,e 代表电子电荷,则电子在固体中的输运可通过下面的电荷分布表示,即

$$\rho(\boldsymbol{r},t) = -e\delta(\boldsymbol{r} - \boldsymbol{v}t) \tag{D.1}$$

在媒质中产生的电势 φ 的计算公式为①

$$\varepsilon(\boldsymbol{k},\omega)\nabla^2\varphi(\boldsymbol{r},t) = -4\pi\rho(\boldsymbol{r},t) \tag{D.2}$$

在傅里叶空间,有

$$\varphi(\boldsymbol{k},\omega) = -\frac{8\pi^2 e}{\varepsilon(\boldsymbol{k},\omega)}\frac{\delta(\boldsymbol{k}\cdot\boldsymbol{v}+\omega)}{k^2} \tag{D.3}$$

实际上,一方面,有

$$\varphi(\boldsymbol{r},t) = \frac{1}{(2\pi)^4}\int d^3k \int_{-\infty}^{+\infty} d\omega \exp[i(\boldsymbol{k}\cdot\boldsymbol{r}+\omega t)]\varphi(\boldsymbol{k},\omega) \tag{D.4}$$

则

---

① 由于所选择的量纲,矢量势为零。

$$\nabla^2\varphi(\boldsymbol{r},t) = -\frac{1}{(2\pi)^4}\int d^3k\int_{-\infty}^{+\infty}d\omega\exp[i(\boldsymbol{k}\cdot\boldsymbol{r}+\omega t)]k^2\varphi(\boldsymbol{k},\omega) \qquad (D.5)$$

另一方面，有

$$\begin{aligned}\rho(\boldsymbol{k},\omega) &= \int d^3r\int_{-\infty}^{+\infty}dt\exp[-i(\boldsymbol{k}\cdot\boldsymbol{r}+\omega t)]\rho(\boldsymbol{r},t)\\ &= \int d^3r\int_{-\infty}^{+\infty}dt\exp[-i(\boldsymbol{k}\cdot\boldsymbol{r}+\omega t)][-e\delta(\boldsymbol{r}-\boldsymbol{v}t)]\\ &= -2\pi e\frac{1}{2\pi}\int_{-\infty}^{+\infty}dt\exp[-i(\boldsymbol{k}\cdot\boldsymbol{v}+\omega)t]\\ &= -2\pi e\delta(\boldsymbol{k}\cdot\boldsymbol{v}+\omega)\end{aligned} \qquad (D.6)$$

则

$$\rho(\boldsymbol{r},t) = \frac{1}{(2\pi)^4}\int d^3k\int_{-\infty}^{+\infty}d\omega\exp[i(\boldsymbol{k}\cdot\boldsymbol{r}+\omega t)][-2\pi e\delta(\boldsymbol{k}\cdot\boldsymbol{v}+\omega)]$$
$$(D.7)$$

采用式(D.2)、式(D.5)和式(D.7)，可以得到

$$\varepsilon(\boldsymbol{k},\omega)k^2\varphi(\boldsymbol{k},\omega) = -8\pi^2 e\delta(\boldsymbol{k}\cdot\boldsymbol{v}+\omega) \qquad (D.8)$$

式(D.8)等同于式(D.3)。

当电子在固体中输运时产生了电场$\mathcal{E}$，感兴趣的是，计算电子与电场相互作用的能量损失$-dE$。假设$\mathcal{F}_z$代表z向的电场分量，有

$$-dE = \mathcal{F}\cdot d\boldsymbol{r} = \mathcal{F}_z dz \qquad (D.9)$$

此处及下面公式中需要注意的是，电场力(和电场$\mathcal{E}=\mathcal{F}/e$)是在$\boldsymbol{r}=\boldsymbol{v}t$处的电场力，则

$$\mathcal{E}_z dz = \frac{dz}{dt}dt\,\mathcal{E}_z = \frac{d\boldsymbol{r}}{dt}\cdot\mathcal{E}\,dt = \frac{\boldsymbol{v}\cdot\mathcal{E}}{v}dz \qquad (D.10)$$

单位步长dz的能量损失为$-dE$，$-dE/dz$由下式给出，即

$$-\frac{dE}{dz} = \frac{e}{v}\boldsymbol{v}\cdot\mathcal{E} \qquad (D.11)$$

由于

$$\mathcal{E} = -\nabla\varphi(\boldsymbol{r},t) \qquad (D.12)$$

$\varphi(\boldsymbol{k},\omega)$是$\varphi(\boldsymbol{r},\omega)$的傅里叶变换(式(D.4))，则

$$\mathcal{E} = -\nabla\left\{\frac{1}{(2\pi)^4}\int d^3k\int_{-\infty}^{+\infty}d\omega\exp[i(\boldsymbol{k}\cdot\boldsymbol{r}+\omega t)]\varphi(\boldsymbol{k},\omega)\right\} \qquad (D.13)$$

则

$$-\frac{dE}{dz} = \text{Re}\left\{-\frac{8\pi^2 e^2}{(2\pi)^4 v}\int d^3k \int_{-\infty}^{+\infty} d\omega(-\nabla)\exp[i(\boldsymbol{k}\cdot\boldsymbol{v}t+\omega t)]\cdot\boldsymbol{v}\left.\frac{\delta(\boldsymbol{k}\cdot\boldsymbol{v}+\omega)}{k^2\varepsilon(\boldsymbol{k},\omega)}\right|_{\boldsymbol{r}=\boldsymbol{v}t}\right\}$$

$$= \text{Re}\left\{-\frac{8\pi^2 e^2}{(2\pi)^4 v}\int d^3k \int_{-\infty}^{+\infty} d\omega(-i\boldsymbol{k})\cdot\boldsymbol{v}\exp[i(\boldsymbol{k}\cdot\boldsymbol{r}+\omega t)]\left.\frac{\delta(\boldsymbol{k}\cdot\boldsymbol{v}+\omega)}{k^2\varepsilon(\boldsymbol{k},\omega)}\right|_{\boldsymbol{r}=\boldsymbol{v}t}\right\}$$

$$= \text{Re}\left\{\frac{i8\pi^2 e^2}{16\pi^4 v}\int d^3k \int_{-\infty}^{+\infty} d\omega(\boldsymbol{k}\cdot\boldsymbol{v})\exp[i(\boldsymbol{k}\cdot\boldsymbol{r}+\omega t)]\left.\frac{\delta(\boldsymbol{k}\cdot\boldsymbol{v}+\omega)}{k^2\varepsilon(\boldsymbol{k},\omega)}\right|_{\boldsymbol{r}=\boldsymbol{v}t}\right\}$$

(D.14)

考虑到:①电场在 $\boldsymbol{r}=\boldsymbol{v}t$ 处计算;②被积函数中存在 $\delta(\boldsymbol{k}\cdot\boldsymbol{v}+\omega)$ 分布,有

$$-\frac{dE}{dz} = \text{Re}\left\{\frac{ie^2}{2\pi^2 v}\int d^3k \int_{-\infty}^{+\infty} d\omega\, \boldsymbol{k}\cdot\boldsymbol{v}\exp[i(\boldsymbol{k}\cdot\boldsymbol{v}t+\omega t)]\frac{\delta(\boldsymbol{k}\cdot\boldsymbol{v}+\omega)}{k^2\varepsilon(\boldsymbol{k},\omega)}\right\}$$

$$= \text{Re}\left\{\frac{ie^2}{2\pi^2 v}\int d^3k \int_{-\infty}^{+\infty} d\omega\, \boldsymbol{k}\cdot\boldsymbol{v}\exp[i(-\omega t+\omega t)]\frac{\delta(\boldsymbol{k}\cdot\boldsymbol{v}+\omega)}{k^2\varepsilon(\boldsymbol{k},\omega)}\right\}$$

$$= \text{Re}\left\{\frac{ie^2}{2\pi^2 v}\int d^3k \int_{-\infty}^{+\infty} d\omega(-\omega)\exp[i(-\omega t+\omega t)]\frac{\delta(\boldsymbol{k}\cdot\boldsymbol{v}+\omega)}{k^2\varepsilon(\boldsymbol{k},\omega)}\right\}$$

$$= \text{Re}\left\{\frac{-ie^2}{2\pi^2 v}\int d^3k \int_{-\infty}^{+\infty} d\omega\,\omega\,\frac{\delta(\boldsymbol{k}\cdot\boldsymbol{v}+\omega)}{k^2\varepsilon(\boldsymbol{k},\omega)}\right\}$$

(D.15)

由于

$$\text{Re}\left\{\int d^3k \int_{-\infty}^{\infty} d\omega\,\omega\,\frac{\delta(\boldsymbol{k}\cdot\boldsymbol{v}+\omega)}{\varepsilon(\boldsymbol{k},\omega)}\right\} = 2\text{Re}\left\{\int d^3k \int_{0}^{+\infty} d\omega\,\omega\,\frac{\delta(\boldsymbol{k}\cdot\boldsymbol{v}+\omega)}{\varepsilon(\boldsymbol{k},\omega)}\right\}$$

可以总结为①

$$-\frac{dE}{dz} = \frac{e^2}{\pi^2 v}\int d^3k \int_{0}^{\infty} d\omega\,\omega\,\text{Im}\left[\frac{1}{\varepsilon(\boldsymbol{k},\omega)}\right]\frac{\delta(\boldsymbol{k}\cdot\boldsymbol{v}+\omega)}{k^2} \quad (D.16)$$

或

$$-\frac{dE}{dz} = \int_{0}^{\infty} d\omega\,\omega\,\tau(\boldsymbol{v},\omega) \quad (D.17)$$

其中

$$\tau(\boldsymbol{v},\omega) = \frac{e^2}{\pi^2 v}\int d^3k\,\text{Im}\left[\frac{1}{\varepsilon(\boldsymbol{k},\omega)}\right]\frac{\delta(\boldsymbol{k}\cdot\boldsymbol{v}+\omega)}{k^2} \quad (D.18)$$

是电子以非相对论速度 $\boldsymbol{v}$ 运动[1],单位输运距离内损失能量 ω 的概率。

---

① 对于任何复数 z,有 $\text{Re}(iz) = -\text{Im}(z)$

D.2 均匀各向同性固体

假设固体是均匀且各向同性的，ε 是仅依赖 k 的幅度而不依赖方向的标量，即
$$\varepsilon(\mathbf{k},\omega) = \varepsilon(k,\omega) \tag{D.19}$$

则
$$\tau(v,\omega) = \frac{e^2}{\pi^2 v}\int_0^{2\pi}\mathrm{d}\phi\int_0^{\pi}\mathrm{d}\theta\int_{k_-}^{k_+}\mathrm{d}k\, k^2\sin\theta\,\mathrm{Im}\left[\frac{1}{\varepsilon(k,\omega)}\right]\frac{\delta(kv\cos\theta+\omega)}{k^2}$$
$$= \frac{2e^2}{\pi v}\int_0^{\pi}\mathrm{d}\theta\int_{k_-}^{k_+}\mathrm{d}k\sin\theta\,\mathrm{Im}\left[\frac{1}{\varepsilon(k,\omega)}\right]\delta(kv\cos\theta+\omega) \tag{D.20}$$

其中
$$\hbar k_\pm = \sqrt{2mE}\pm\sqrt{2m(E-\hbar\omega)} \tag{D.21}$$

和 $E=mv^2/2$。积分的范围取决于动量守恒（见 6.2.5 节）。

引入新的变量 ω'，定义为
$$\omega' = -kv\cos\theta \tag{D.22}$$

所以
$$\mathrm{d}\omega' = kv\sin\theta\,\mathrm{d}\theta \tag{D.23}$$

则
$$\tau(v,\omega) = \frac{2e^2}{\pi v}\int_{-kv}^{kv}\mathrm{d}\omega'\int_{k_-}^{k_+}\frac{\mathrm{d}k}{kv}\mathrm{Im}\left[\frac{1}{\varepsilon(k,\omega)}\right]\delta(-\omega'+\omega)$$
$$= \frac{2me^2}{\pi mv^2}\int_{k_-}^{k_+}\frac{\mathrm{d}k}{k}\mathrm{Im}\left[\frac{1}{\varepsilon(k,\omega)}\right] \tag{D.24}$$

可以写成
$$\tau(E,\omega) = \frac{me^2}{\pi E}\int_{k_-}^{k_+}\frac{\mathrm{d}k}{k}\mathrm{Im}\left[\frac{1}{\varepsilon(k,\omega)}\right] \tag{D.25}$$

以 $W = \hbar\omega$ 代表能量损失，$W_{\max}$ 代表最大能量损失，微分非弹性平均自由程的倒数 $\lambda_{\mathrm{inel}}^{-1}$ 可以由下式计算，即

$$\lambda_{\mathrm{inel}}^{-1} = \frac{me^2}{\pi\hbar^2 E}\int_0^{W_{\max}}\mathrm{d}\hbar\omega\int_{k_-}^{k_+}\frac{\mathrm{d}k}{k}\mathrm{Im}\left[\frac{1}{\varepsilon(k,\omega)}\right]$$
$$= \frac{1}{\pi a_0 E}\int_0^{W_{\max}}\mathrm{d}\hbar\omega\int_{k_-}^{k_+}\frac{\mathrm{d}k}{k}\mathrm{Im}\left[\frac{1}{\varepsilon(k,\omega)}\right] \tag{D.26}$$

D.3 小结

本附录介绍了 Richie 理论[1],它建立了电子能量损失和介电函数之间的关系,可用于计算微分非弹性平均自由程的倒数、非弹性平均自由程和阻止本领。

参考文献

[1] R. H. Ritchie, Phys. Rev. 106, 874(1957).
[2] H. Raether, Excitation of Plasmons and Interband Transitions by Electrons (Springer, Berlin, 1982).
[3] P. Sigmund, Particle Penetration and Radiation Effects(Springer, Berlin, 2006).
[4] R. F. Egerton, Electron Energy-Loss Spectroscopy in the Electron Microscope, 3rd edn. (Springer, New York, 2011).
[5] R. F. Egerton, Rep. Prog. Phys. 72, 016502(2009).
[6] S. Taioli, S. Simonucci, L. Calliari, M. Dapor, Phys. Rep. 493, 237(2010).

附录E
Chen、Kwei 和 Li 等的理论

Chen 和 Kwei 理论的原始版本可以在文献[1]中查阅以研究向外的抛射物。Li 等[2]将其推广到向内的抛射物。基于文献[3],下面以角变量的形式重新描述了 Chen、Kwei 和 Li 等的公式。

E.1 出射和入射电子

考虑平行于表面方向的动量转移分量 q_x 和 q_y,对于出射电子,有

$$q_x = \frac{mv}{\hbar}(\theta\cos\phi\cos\alpha + \theta_E\sin\alpha) \tag{E.1}$$

而对于入射电子,有

$$q_x = \frac{mv}{\hbar}(\theta\cos\phi\cos\alpha - \theta_E\sin\alpha) \tag{E.2}$$

出射电子和入射电子均满足

$$q_y = \frac{mv}{\hbar}\theta\sin\phi \tag{E.3}$$

式中:α 为电子轨迹与靶材表面法向的夹角;θ 和 ϕ 表示极角和方位角,有

$$\theta_E = \frac{\hbar\omega}{2E} \tag{E.4}$$

式中:E 为电子能量;$\hbar\omega$ 为能量损失。

E.2 非弹性散射的概率

如果 z 为靶材表面法向的坐标,则真空中的非弹性散射概率(非弹性平均自由程倒数的微分)为

$$P_{\text{outside}}(z,\alpha) = \frac{1}{2\pi^2 a_0 E}\int_0^{\theta_{\text{cutoff}}}\frac{\theta \mathrm{d}\theta}{\theta^2+\theta_E^2}\int_0^{2\pi}\mathrm{d}\phi f(z,\theta,\phi,\alpha) \qquad (\text{E.5})$$

材料内部的非弹性散射概率为

$$P_{\text{inside}}(z,\alpha) = \frac{1}{2\pi^2 a_0 E}\int_0^{\theta_{\text{cutoff}}}\frac{\theta \mathrm{d}\theta}{\theta^2+\theta_E^2}\int_0^{2\pi}\mathrm{d}\phi g(z,\theta,\phi,\alpha) \qquad (\text{E.6})$$

截止角度为 Bethe 脊角[4]，即

$$\theta_{\text{cutoff}} = \sqrt{\frac{\hbar\omega}{E}} \qquad (\text{E.7})$$

需要注意的是，在 Chen 和 Kwei 的方法中[1]，对于高动量的截止角度并没有合适的界限，它存在一个最大角度，也就是 Bethe 脊角，只有大于该角度电子才能被激发[5]。

对于出射电子，函数 $f(z,\theta,\phi,\alpha)$ 和 $g(z,\theta,\phi,\alpha)$ 可以写成

$$f(z,\theta,\phi,\alpha) = \text{Im}\left(\frac{2}{\varepsilon+1}\right)h(z,\theta,\phi,\alpha)[p(z,\theta,\phi,\alpha)-h(z,\theta,\phi,\alpha)] \quad (\text{E.8})$$

$$g(z,\theta,\phi,\alpha) = \text{Im}\left(\frac{2}{\varepsilon+1}\right)h^2(z,\theta,\phi,\alpha) + \text{Im}\left(\frac{1}{\varepsilon}\right)[1-h^2(z,\theta,\phi,\alpha)]$$
$$(\text{E.9})$$

对于入射电子，相同的函数 $f(z,\theta,\phi,\alpha)$ 和 $g(z,\theta,\phi,\alpha)$ 可以写成

$$f(z,\theta,\phi,\alpha) = \text{Im}\left(\frac{2}{\varepsilon+1}\right)h^2(z,\theta,\phi,\alpha) \qquad (\text{E.10})$$

$$g(z,\theta,\phi,\alpha) = \text{Im}\left(\frac{2}{\varepsilon+1}\right)h(z,\theta,\phi,\alpha)[p(z,\theta,\phi,\alpha)-h(z,\theta,\phi,\alpha)] +$$
$$\text{Im}\left(\frac{1}{\varepsilon}\right)[1-h(z,\theta,\phi,\alpha)p(z,\theta,\phi,\alpha)+h^2(z,\theta,\phi,\alpha)]$$
$$(\text{E.11})$$

对于出射电子，函数 $h(z,\theta,\phi,\alpha)$ 和 $p(z,\theta,\phi,\alpha)$ 可以写为

$$h(z,\theta,\phi,\alpha) = \exp\left[\left(-|z|\frac{mv}{\hbar}\right)\sqrt{(\theta\cos\phi\cos\alpha+\theta_E\sin\alpha)^2+\theta^2\sin^2\phi}\right]$$
$$(\text{E.12})$$

$$p(z,\theta,\phi,\alpha) = 2\cos\left[\left(|z|\frac{mv}{\hbar}\right)(\theta_E\cos\alpha-\theta\cos\phi\sin\alpha)\right] \qquad (\text{E.13})$$

对于入射电子，函数 $h(z,\theta,\phi,\alpha)$ 和 $p(z,\theta,\phi,\alpha)$ 可以写为

$$h(z,\theta,\phi,\alpha) = \exp\left[\left(-|z|\frac{mv}{\hbar}\right)\sqrt{(\theta\cos\phi\cos\alpha-\theta_E\sin\alpha)^2+\theta^2\sin^2\phi}\right]$$
$$(\text{E.14})$$

$$p(z,\theta,\phi,\alpha) = 2\cos\left[\left(|z|\frac{mv}{\hbar}\right)(\theta_E\cos\alpha + \theta\cos\phi\sin\alpha)\right] \quad (E.15)$$

最后，$\varepsilon(\omega)$ 为介电函数。本书中应用到 Chen 和 Kwey 理论的例子中，铝的复介电函数可由下式计算，即

$$\varepsilon(\omega) = 1 - \frac{\omega_p^2}{\omega^2 - i\Gamma\omega} \quad (E.16)$$

硅的复介电常数为

$$\varepsilon(\omega) = 1 - \frac{\omega_p^2}{\omega^2 - \omega_g^2 - i\Gamma\omega} \quad (E.17)$$

式中：$\hbar\omega$ 为电子能量损失；$\hbar\omega_g$ 为 Si 中价电子的平均激发能量；$\hbar\Gamma$ 为阻尼常数；$\hbar\omega_p$ 为等离激元的能量。

E.3 小结

本附录基于文献[3]，以角变量的形式重新描述了 Chen 和 Kwei 关于出射电子的理论[1]，及 Li 等人[2] 推广的关于入射电子的理论。

参考文献

[1] Y. F. Chen, C. M. Kwei, Surf. Sci. 364, 131(1996).
[2] Y. C. Li, Y. H. Tu, C. M. Kwei, C. J. Tung, Surf. Sci. 589, 67(2005).
[3] M. Dapor, L. Calliari, S. Fanchenko, Surf. Interface Anal. 44, 1110(2012).
[4] R. F. Egerton, Electron Energy-Loss Spectroscopy in the Electron Microscope (Third Edition, Springer, New York, Dordrecht, Heidelberg, London, 2011).
[5] L. Calliari, S. Fanchenko, Surf. Interface Anal. 44, 1104(2012).

附录F
Mermin理论和广义振子强度方法

电介质体系是研究快速电子与固体靶材相互作用的最常用方法。本章在电介质体系的框架内简要介绍了 Mermin 能量损失函数—广义振荡器强度法(MELF-GOS 法)[1-4]。

F.1 Mermin 理论

Mermin 介电函数为[1]

$$\varepsilon_M(\boldsymbol{q},\omega) = 1 + \frac{(1+i/\omega\tau)[\varepsilon^0(\boldsymbol{q},\omega+i/\tau)-1]}{1+(i/\omega\tau)[\varepsilon^0(\boldsymbol{q},\omega+i/\tau)-1]/[\varepsilon^0(\boldsymbol{q},0)-1]} \quad (F.1)$$

式中:$\boldsymbol{q}$ 为动量;ω 为频率;τ 为弛豫时间;$\varepsilon^0(\boldsymbol{q},0)$ 为 Lindhard 介电常数[5]。

ε^0 和 B 可分别表示为

$$\varepsilon^0(\boldsymbol{q},\omega) = 1 + \frac{4\pi^2 q^2}{e^2} B(\boldsymbol{q},\omega) \quad (F.2)$$

$$B(\boldsymbol{q},\omega) = \int \frac{d\boldsymbol{p}}{4\pi^3} \frac{f_{\boldsymbol{p}+\boldsymbol{q}/2} - f_{\boldsymbol{p}-\boldsymbol{q}/2}}{\omega - (\varepsilon_{\boldsymbol{p}+\boldsymbol{q}/2} - \varepsilon_{\boldsymbol{p}-\boldsymbol{q}/2})/\hbar} \quad (F.3)$$

式中:e 为电子电荷;$f_{\boldsymbol{p}}$ 为费米-狄拉克分布;$\varepsilon_{\boldsymbol{p}}$ 为自由电子能。

注意,Lindhard 介电函数[5]可以由式(F.2)和式(F.3)进行数值计算。积分也可以采用解析形式。积分的结果如下[2-3, 6]:

$$\varepsilon^0(q,\omega) = 1 + \frac{\chi^2}{z^2}[f_1(u,z) + if_2(u,z)] \quad (F.4)$$

式中:$u = \omega/(qv_F)$、$z = q/(2q_F)$;$\chi^2 = e^2/(\pi\hbar v_F)$ 为电子密度的量度[6]。v_F 为靶材的价电子的费米速度,$q_F = mv_F/\hbar$。

函数 $f_1(u,z)$ 和 $f_2(u,z)$ 由下式给出:

$$f_1(u,z) = \frac{1}{2} + \frac{1}{8z}[g(z-u) + g(z+u)] \quad (F.5)$$

$$f_2(u,z) = \begin{cases} \dfrac{\pi}{2}u, & z+u < 1 \\ \dfrac{\pi}{8z}[1-(z-u)^2], & |z-u| < 1 < z+u \\ 0, & |z-u| > 1 \end{cases} \quad (F.6)$$

其中

$$g(x) = (1-x^2)\ln\left|\dfrac{1+x}{1-x}\right| \quad (F.7)$$

F.2　Mermin 能量损失函数—广义振子强度法

下面考虑自由振子和束缚振子的叠加。对于任何振子,有

$$\mathrm{Im}\left[\dfrac{1}{\varepsilon_M(\omega_i,\gamma_i;q,\omega)}\right] = \dfrac{-\varepsilon_{M_2}}{\varepsilon_{M_1}^2 + \varepsilon_{M_2}^2} \quad (F.8)$$

其中

$$\varepsilon_M = \varepsilon_{M_1} + i\varepsilon_{M_2} \quad (F.9)$$

ω_i 和 γ_i 分别为每个特定振子的频率和阻尼常数。每个振子是一个 Mermin 型能量损失函数的线性组合,可以计算任何特定材料[2-4]在 $q=0$ 时的能量损失函数(ELF):

$$\mathrm{Im}\left[\dfrac{1}{\varepsilon(q=0,\omega)}\right] = \sum_i A_i \mathrm{Im}\left[\dfrac{1}{\varepsilon_M(\omega_i,\gamma_i;q=0,\omega)}\right] \quad (F.10)$$

在式(F.10)中,A_i、ω_i 和 γ_i 通过寻找与现有实验光学 ELF 的最佳拟合确定。实际上,Mermin 和 Drude-Lorentz 振子在光学极限(即 $q=0$ 时)都收敛于相同的值[7]:

$$\begin{aligned}\mathrm{Im}\left[\dfrac{1}{\varepsilon(q=0,\omega)}\right] &= \sum_i A_i \mathrm{Im}\left[\dfrac{1}{\varepsilon_M(\omega_i,\gamma_i;q=0,\omega)}\right] \\ &= \sum_i A_i \mathrm{Im}\left[\dfrac{1}{\varepsilon_D(\omega_i,\gamma_i;q=0,\omega)}\right]\end{aligned} \quad (F.11)$$

Drude-Lorentz 函数 $\mathrm{Im}\left[\dfrac{1}{\varepsilon_D(\omega_i,\gamma_i;\boldsymbol{q}=0,\omega)}\right]$ 由下式给出[8]:

$$\mathrm{Im}\left[\dfrac{1}{\varepsilon_D(\omega_i,\gamma_i;\boldsymbol{q}=0,\omega)}\right] = \dfrac{\gamma_i\omega}{(\omega_i^2-\omega^2)^2+(\gamma_i\omega)^2} \quad (F.12)$$

最佳拟合也可以使用 Drude-Lorentz 函数的线性组合来取代 Mermin 函数。一旦确定了最佳拟合参数的值(例如,文献[4,9-10]),则延伸到光域($\boldsymbol{q}=0$)以外

可以得到[2-4]

$$\mathrm{Im}\left[\frac{1}{\varepsilon(\boldsymbol{q},\omega)}\right] = \sum_i A_i \mathrm{Im}\left[\frac{1}{\varepsilon_{\mathrm{M}}(\omega_i,\gamma_i;\boldsymbol{q},\omega)}\right] \qquad (\mathrm{F}.13)$$

Planes 等[2]、Abril 等[3] 和 de Vera 等[4] 等构建了光学极限下的 ELF，包括最外层原子内层的电子的贡献，即

$$\mathrm{Im}\left[\frac{1}{\varepsilon(q=0,\omega)}\right] = \begin{cases} \sum_i A_i \mathrm{Im}\left[\dfrac{1}{\varepsilon_{\mathrm{M}}(\omega_i,\gamma_i;q=0,\omega)}\right] & \omega < \omega_{i,\mathrm{edge}} \\ \sum_{i,\mathrm{sh}} A_{i,\mathrm{sh}} \mathrm{Im}\left[\dfrac{1}{\varepsilon_{\mathrm{M}}(\omega_{i,\mathrm{sh}},\gamma_{i,\mathrm{sh}};q=0,\omega)}\right] & \omega \geq \omega_{i,\mathrm{edge}} \end{cases}$$
(F.14)

式中：第一项代表外层电子的贡献，而第二项包括最外层原子内层的电子的贡献。

F.3 小结

本附录在简单讨论了 Mermin 理论[1]之后，在电介质体系的框架下简要介绍了 Mermin 能量损失函数—广义振子强度法（MELF-GOS 法）[2-4]。

参考文献

[1] N. D. Mermin, Phys. Rev. B **1**, 2362 (1970)
[2] D. J. Planes, R. Garcia-Molina, I. Abril, N. R. Arista, J. Electron Spectrosc. Relat. Phenom. **82**, 23 (1996)

附录G
Kramers-Kroig关系和求和规则

本章讨论材料对外加电磁辐射的响应。复介电函数对应于介质对外加电场引起的电极化的响应函数。同样地,复电导率描述了响应外加电场而产生的电流。一般而言,系统对给定激励的响应由复变函数论决定,特别是由 Kramers-Kronig 关系决定。Kramers-Kronig 分析的结果是由若干光学参数必须满足的求和规则构成的。

G.1 外部扰动的线性响应

材料在 t 时刻的极化 $P(t)$ 依赖于从 $t' = -\infty$ 到 $t' = t$ 施加于材料上的电场 $E(t)$,则

$$P(t) = \int_{-\infty}^{t} G(t - t') E(t') \mathrm{d}t' \tag{G.1}$$

式中:$G(t)$ 为实变量的实格林函数[1]。

假设

$$E(t) = E_0 \exp(-\mathrm{i}\omega t) \tag{G.2}$$

很容易得出

$$P(t) = E \int_0^{\infty} G(\tau) \exp(\mathrm{i}\omega \tau) \mathrm{d}\tau \tag{G.3}$$

因此,电极化率 $\chi(\omega)$ 可记为

$$\chi(\omega) = \int_0^{\infty} G(\tau) \exp(\mathrm{i}\omega \tau) \mathrm{d}\tau \tag{G.4}$$

由于

$$\varepsilon E = E + 4\pi P = E + 4\pi \chi E = (1 + 4\pi \chi) E \tag{G.5}$$

可以推导出介电常数为

$$\varepsilon(\omega) = 1 + 4\pi \chi(\omega) = 1 + 4\pi \int_0^{\infty} G(\tau) \exp(\mathrm{i}\omega \tau) \mathrm{d}\tau \tag{G.6}$$

则

$$\varepsilon^*(\omega) = 1 + 4\pi \int_0^\infty G(\tau)\exp(-i\omega\tau)d\tau =$$
$$= \varepsilon(-\omega) = \varepsilon_1(-\omega) + i\varepsilon_2(-\omega) \tag{G.7}$$

由于

$$\varepsilon^*(\omega) = [\varepsilon_1(\omega) + i\varepsilon_2(\omega)]^* = \varepsilon_1(\omega) - i\varepsilon_2(\omega) \tag{G.8}$$

已证明介电常数的实部是频率的偶函数:

$$\varepsilon_1(\omega) = \varepsilon_1(-\omega) \tag{G.9}$$

而介电常数的虚部是频率的奇函数:

$$\varepsilon_2(\omega) = -\varepsilon_2(-\omega) \tag{G.10}$$

G.2 Kramers-Kronig 关系

利用柯西留数定理,得到

$$\mathcal{P}\int_{-\infty}^{\infty} \frac{\chi(\omega)}{\omega - \omega_T} = i\pi\chi(\omega_T) \tag{G.11}$$

已知

$$\chi(\omega) = \frac{\varepsilon(\omega) - 1}{4\pi} \tag{G.12}$$

$$\varepsilon(\omega) = 1 + \frac{1}{i\pi}\mathcal{P}\int_{-\infty}^{\infty} \frac{\varepsilon(\omega') - 1}{\omega' - \omega}d\omega' \tag{G.13}$$

因此,介电常数的实部和虚部可以表示为

$$\varepsilon_1(\omega) = 1 + \frac{1}{\pi}\mathcal{P}\int_{-\infty}^{\infty} \frac{\varepsilon_2(\omega')}{\omega' - \omega}d\omega' \tag{G.14}$$

$$\varepsilon_2(\omega) = -\frac{1}{\pi}\mathcal{P}\int_{-\infty}^{\infty} \frac{\varepsilon_1(\omega') - 1}{\omega' - \omega}d\omega' \tag{G.15}$$

为了消除负频率,通过直接的代数运算将式(G.14)和式(G.15)重写(因为介电常数的实部是频率的偶函数,介电常数的虚部是频率的奇函数)如下:

$$\varepsilon_1(\omega) = 1 + \frac{2}{\pi}\mathcal{P}\int_0^\infty \frac{\omega'\varepsilon_2(\omega')}{\omega'^2 - \omega^2}d\omega' \tag{G.16}$$

$$\varepsilon_2(\omega) = -\frac{2\omega}{\pi}\mathcal{P}\int_0^\infty \frac{\varepsilon_1(\omega') - 1}{\omega'^2 - \omega^2}d\omega' \tag{G.17}$$

这些是与介电常数的实部和虚部相关的 Kramer-Kronig 关系。当场为纵向场,损失函数为纵向位移的响应。因此,损失函数的分量也服从 Kramers-Kronig 关

系,在这种情况下,其形式为

$$\operatorname{Re}\left[\frac{1}{\varepsilon(\omega)}\right] = 1 + \frac{1}{\pi}\mathcal{P}\int_{-\infty}^{\infty}\operatorname{Im}\left[\frac{1}{\varepsilon(\omega')}\right]\frac{\mathrm{d}\omega'}{\omega'-\omega} \tag{G.18}$$

$$\operatorname{Im}\left[\frac{1}{\varepsilon(\omega)}\right] = -\frac{1}{\pi}\mathcal{P}\int_{-\infty}^{\infty}\left\{\operatorname{Re}\left[\frac{1}{\varepsilon(\omega')}\right] - 1\right\}\frac{\mathrm{d}\omega'}{\omega'-\omega} \tag{G.19}$$

G.3 求和规则

考虑到 Kramers-Kronig 关系,可以使用物理参数建立一些求和规则,这些求和规则必须满足文献[2]。例如,考虑高频电场与金属相互作用的简单情况。

一方面,用 ω_p 表示等离子体频率,根据金属光学特性的 Drude 模型,可以得到

$$\varepsilon_1(\omega) = 1 - \frac{\omega_p^2}{\omega^2} \tag{G.20}$$

另一方面,根据 Kramers-Kronig 理论,并考虑高频假设,得到

$$\varepsilon_1(\omega) = 1 - \frac{2}{\pi\omega^2}\mathcal{P}\int_0^{\infty}\omega'\varepsilon_2(\omega')\mathrm{d}\omega' \tag{G.21}$$

结合这两个方程,得到了介电函数的虚部必须满足的求和规则:

$$\int_0^{\infty}\omega\varepsilon_2(\omega)\mathrm{d}\omega = \frac{\pi}{2}\omega_p^2 \tag{G.22}$$

从电磁学理论可知,复介电函数 ε 与电导率 σ 之间存在如下关系:

$$\varepsilon = 1 + \mathrm{i}\frac{4\pi}{\omega}\sigma \tag{G.23}$$

通过简单的代数运算,可以将复电导率的实部和虚部 σ_1 和 σ_2 分别表示如下:

$$\sigma_1 = \frac{\omega}{4\pi}\varepsilon_2 \tag{G.24}$$

$$\sigma_2 = \frac{\omega}{4\pi}(1-\varepsilon_1) \tag{G.25}$$

因此,复电导率的实部必须满足求和法则:

$$\int_0^{\infty}\sigma_1\mathrm{d}\omega = \frac{\omega_p^2}{8} \tag{G.26}$$

另外,两个非常重要的求和规则是 f-求和规则和 ps(perfect-screening)求和规则。为了说明这两个求和规则,考虑金属具有以下复介电函数的情况:

$$\varepsilon(\omega) = 1 - \frac{\omega_p^2}{\omega^2 - \mathrm{i}\Gamma\omega} \tag{G.27}$$

从式(G.27)可以得到 $\mathrm{Re}[1/\varepsilon(\omega)]$ 和 $\mathrm{Im}[1/\varepsilon(\omega)]$:

$$\mathrm{Re}\left[\frac{1}{\varepsilon(\omega)}\right] = 1 + \frac{(\omega^2 - \omega_\mathrm{p}^2)\omega_\mathrm{p}^2}{(\omega^2 - \omega_\mathrm{p}^2)^2 + \Gamma^2\omega^2} \tag{G.28}$$

$$\mathrm{Im}\left[\frac{1}{\varepsilon(\omega)}\right] = \frac{\Gamma\omega\omega_\mathrm{p}^2}{(\omega^2 - \omega_\mathrm{p}^2)^2 + \Gamma^2\omega^2} \tag{G.29}$$

由于 $\mathrm{Re}[1/\varepsilon(\omega)]$ 是 ω 的偶函数($\mathrm{Re}[1/\varepsilon(-\omega)] = \mathrm{Re}[1/\varepsilon(\omega)]$),而 $\mathrm{Im}[1/\varepsilon(\omega)]$ 是 ω 的奇函数($\mathrm{Re}[1/\varepsilon(-\omega)] = -\mathrm{Re}[1/\varepsilon(\omega)]$),为了消除负频率,可以将Kramers-Kronig关系式(G.18)和式(G.19)改写下:

$$\mathrm{Re}\left[\frac{1}{\varepsilon(\omega)}\right] = 1 + \frac{2}{\pi}\mathcal{P}\int_0^\infty \mathrm{Im}\left[\frac{1}{\varepsilon(\omega')}\right]\frac{\omega'}{\omega'^2 - \omega^2}\mathrm{d}\omega' \tag{G.30}$$

$$\mathrm{Im}\left[\frac{1}{\varepsilon(\omega)}\right] = -\frac{2\omega}{\pi}\mathcal{P}\int_0^\infty \left\{\mathrm{Re}\left[\frac{1}{\varepsilon(\omega')}\right] - 1\right\}\frac{1}{\omega'^2 - \omega^2}\mathrm{d}\omega' \tag{G.31}$$

由式(G.28)和式(G.30)得到

$$\frac{(\omega^2 - \omega_\mathrm{p}^2)\omega_\mathrm{p}^2}{(\omega^2 - \omega_\mathrm{p}^2)^2 + \Gamma^2\omega^2} = \frac{2}{\pi}\mathcal{P}\int_0^\infty \mathrm{Im}\left[\frac{1}{\varepsilon(\omega')}\right]\frac{\omega'}{\omega'^2 - \omega^2}\mathrm{d}\omega' \tag{G.32}$$

基于高频假设,式(G.32)变为

$$\frac{\omega_\mathrm{p}^2}{\omega^2} \approx -\frac{2}{\pi\omega^2}\int_0^\infty \mathrm{Im}\left[\frac{1}{\varepsilon(\omega')}\right]\omega'\mathrm{d}\omega' \tag{G.33}$$

则得到f求和规则:

$$\int_0^\infty \omega\mathrm{Im}\left[\frac{1}{\varepsilon(\omega)}\right]\mathrm{d}\omega = -\frac{2}{\pi}\omega_\mathrm{p}^2 \tag{G.34}$$

式(G.34)也可以由精确量子力学方法[3]推导获得。

考虑低频极限的情况,$\omega \to 0$,由式(G.32)可以得到

$$\frac{-\omega_\mathrm{p}^4}{\omega_\mathrm{p}^4} \approx \frac{2}{\pi}\int_0^\infty \mathrm{Im}\left[\frac{1}{\varepsilon(\omega')}\right]\frac{1}{\omega'}\mathrm{d}\omega' \tag{G.35}$$

从式(G.35)可以得出 ps 求和规则:

$$\int_0^\infty \frac{1}{\omega}\mathrm{Im}\left[\frac{1}{\varepsilon(\omega)}\right]\mathrm{d}\omega = -\frac{\pi}{2} \tag{G.36}$$

ps 求和规则也可以写成以下的形式[4,5]:

$$-\frac{2}{\pi}\int_0^{\omega_\mathrm{max}} \frac{1}{\omega}\mathrm{Im}\left[\frac{1}{\varepsilon(\omega)}\right]\mathrm{d}\omega = P_\mathrm{eff} \tag{G.37}$$

式中:当 $\omega_\mathrm{max} \to \infty$ 时,$P_\mathrm{eff} \to 1$。

对于 Al 的 P_eff 与 ω_max 的关系如图 G.1 所示。

为了更详细地讨论 f 求和规则,考虑等离子体频率表达式:

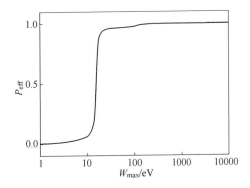

图 G.1　Al 的 P_{eff} 与 $W_{\text{max}} = \hbar\omega_{\text{max}}$ 的关系曲线

$$\omega_{\text{p}} = \left(\frac{4\pi ne^2}{m}\right)^{1/2} \tag{G.38}$$

最初的 Drude 理论只对由外层电子引起的光学响应感兴趣，所以 n 表示单位体积的外层电子数。如果 N 表示单位体积中原子的总数，则 $n = zN$，其中 z 为每个原子的外层电子数。另外，当频率足够高时，核电子也参与激发，在介电函数中包含束缚电子后，f 求和法则仍然有效。则总的数量为

$$\Omega_{\text{p}} = \left(\frac{4\pi Ne^2}{m}\right)^{1/2} \tag{G.39}$$

重写 f 求和规则如下[4-5]：

$$-\frac{2}{\pi\Omega_{\text{p}}^2}\int_0^{\omega_{\text{max}}}\omega\text{Im}\left[\frac{1}{\varepsilon(\omega)}\right]\text{d}\omega = Z_{\text{eff}} \tag{G.40}$$

式中：Z_{eff} 为参与激发的每个原子的有效电子数。

用这种表示法，当 $\omega_{\text{max}} \to \infty$ 时，$Z_{\text{eff}} \to Z$，其中 Z 为靶原子序数。Al 的 Z_{eff} 随 $\hbar\omega_{\text{max}}$ 的变化趋势如图 G.2 所示。

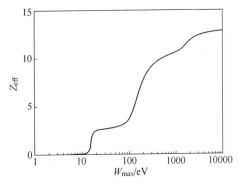

图 G.2　Al 的 $W_{\text{max}}(=\hbar\omega_{\text{max}})$ 与 Z_{eff} 曲线

G.4 小结

本附录讨论了系统对给定激发的响应。特别地,推导出了 Kramer – Kronig 关系。本章还描述了对于给定金属的复介电函数的虚部和复电导率的实部必须满足的求和规则。此外,本附录还研究了电子在媒质中输运时与能量损失有关的所谓 f 求和规则和 ps 求和规则。

参考文献

[1] F. Bassani, U. M. Grassano, *Fisica dello Stato Solido* (Bollati Boringhieri, Torino, 2000)
[2] M. Dressel, G. Grüner, *Electrodynamics of Solids. Optical Properties of Electrons in Matter* (Cambridge University Press, New York, 2002)
[3] G. D. Mahan, *Many-Particle Physics*, 2nd edn. (Plenum Press, New York, 1990)
[4] S. Tanuma, C. J. Powell, D. R. Penn, Surf. Interface Anal. **11**, 577 (1988)
[5] J. M. Fernandez-Varea, R. Mayol, D. Liljequit, F. Salvat, J. Phys.: Condens. Matter **5**, 3593 (1993)

附录H
从电子能量损失谱到介电函数

通过对实验透射电子能量损失谱(EELS)进行变换,可以得到光学极限中的能量损失函数。在消除弹性峰和多重散射后,可以将这种变换应用于 EELS,以处理单次散射谱 $S(W)$。

H.1 从单次散射谱到能量损失函数

单次散射谱 $S(W)$ 和能量损失函数 $\mathrm{Im}\left[\dfrac{1}{\varepsilon(q=0,W)}\right]$ 之间的关系,由下式给出[1-3]:

$$S(W) = \frac{I_0 t}{\pi a_0 m v^2} \mathrm{Im}\left[\frac{1}{\varepsilon(q=0,W)}\right] \ln\left[1+\left(\frac{\beta}{\vartheta_W}\right)^2\right] \tag{H.1}$$

式中:I_0 为零损失密度;t 为样品厚度;a_0 为波尔半径;m 为电子质量;v 为入射电子速度;β 为收集半角;$\vartheta_W = \dfrac{W^2}{\gamma m v^2}$ 为损失能量 W 的特征散射角,γ 是相对论因子。

在收集了透射电子能量损失谱并对其进行傅里叶对数变换,在消除弹性峰和多重散射[1]之后,由式(H.1)描述的变换可以得到能量损失函数。

H.2 小结

本附录描述了一种利用实验透射电子能量损失谱计算光学极限中能量损失函数的方法。

参考文献

[1] R. F. Egerton, *Electron Energy-Loss Spectroscopy in the ElectronMicroscope*, 3rd edn. (Springer, New York, 2011)

[2] M. Stöger-Pollach, A. Laister, P. Schattschneider, Ultramicroscopy **108**, 439 (2008)

[3] D. T. L. Alexander, P. A. Crozier, J. R. Anderson, Science **321**, 833 (2008)